普通高等教育"十三五"规划教材

建筑环境与能源应用工程实验与实训指导

主 编 崔 蕾
副主编 张维亚

应急管理出版社
·北 京·

内 容 提 要

本书主要分为实验和实训指导两部分。实验部分介绍了常用仪表的原理和使用方法，重点介绍了工程热力学、传热学、热质交换原理、空调工程、冷热源工程、洁净技术、建筑环境学、供热工程等课程中的实验项目。实训指导部分包含了管道安装及空调制冷安装维修的技能训练内容。通过该书的实践训练培养学生的自主学习能力、工程实践能力，使学生学会分析和处理实验数据和资料，并写出相关的实验报告，为将来从事科研和工程实践工作打下良好的基础。

本书可作为建筑环境与能源应用工程、建筑环境与设备工程专业课程教学用书，也可作为相关培训和工程技术人员的参考书。

前言

随着经济社会的发展和科学技术的进步，对建筑环境与能源应用工程专业人才的培养提出了更高的要求，要求其具有扎实的理论基础、较高的综合素质、较强的实践能力和综合设计、研究能力。实践是培养学生提高实践能力的重要教学环节，是培养学生科学分析问题和解决问题能力的重要手段。实践课程是理工科专业教学内容的重要组成部分，设置实践课程的目的在于理论教学与实践教学相结合，逐步培养学生科学地设计实验、正确操作、记录和整理数据及编写实验报告的能力；对培养学生的自主学习能力、实践能力、科学研究能力和创新能力具有十分重要的作用。本书从培养专业人才实践应用能力出发，在整合优化实验项目的基础上，精心设计实验内容，力求简明、重点突出、实用性强，并注重介绍专业实验的新设备、新技术和新方法。

本书由崔蕾担任主编，张维亚任副主编。其具体编写分工如下：第一章由刘宏伟编写；第二章第一节、第二节、第十四节和第十五节由魏鋆编写；第二章第三节、第四节、第十节由李琼编写；第二章第五节至第七节、第十三节，第三章第一节由崔蕾编写；第二章第八节、第九节、第十六节和第二十二节由朱鸿梅编写；第二章第十一节、第十七节至第十九节由张维亚编写；第二章第十二节、第二十节、第二十一节由吴金顺编写；第三章第二节、第三节、第四节由潘天泉编写。全书由魏鋆统稿。

由于编写时间仓促和编者水平有限，错误和不妥之处在所难免，敬请读者不吝指教，提出宝贵建议。

编 者

2020 年 9 月

目　　次

第一章　常用测量仪表 1
第一节　温度、湿度测量仪表 1
第二节　压力测量仪表 7
第三节　流速测量仪表 10
第四节　流量测量仪表 11
第五节　空气质量检测仪表 15

第二章　建筑环境与能源应用工程专业实验 17
第一节　二氧化碳气体 p-v-T 关系测定 17
第二节　空气定压比热测定 22
第三节　稳态平板法测定绝热材料导热系数 26
第四节　中温辐射黑度测定 31
第五节　沿程阻力损失实验 33
第六节　局部阻力损失实验 36
第七节　能量方程（伯努利方程）实验 38
第八节　热电偶的制作与标定 41
第九节　室内气象参数的测定 46
第十节　表面式空气冷却器热工性能测定 50
第十一节　室内空气品质测定实验 54
第十二节　管网水力平衡虚拟实验 56
第十三节　散热器热工性能测定 61
第十四节　空调机组性能测定 64
第十五节　空调、冰箱制冷循环演示实验 67
第十六节　旋风除尘器性能测定 70
第十七节　制冷机性能测定 73
第十八节　锅炉自然水循环观测实验 77
第十九节　燃气快速热水器热工性能测试 79
第二十节　洁净度等级测试实验 82
第二十一节　袋式除尘器性能测定 86
第二十二节　管内水流速、流量的测定 93

第三章　实训指导 …………………………………………………………… 96
　第一节　常用材料和设备安装基本工具及训练 …………………………… 96
　第二节　空调常用检测仪表及专用工具 ………………………………… 114
　第三节　热熔器使用及热熔承插连接训练 ……………………………… 118
　第四节　空调设备运行维护技能训练 …………………………………… 121

参考文献 …………………………………………………………………… 139

第一章 常用测量仪表

在科学实验及实际工程中，要对流体及物体表面温度等进行大量的测试工作。流体的温度、湿度、压力、流速、流量，环境的空气品质及噪声等，均需专业的测量仪表进行测量。按照测试参数划分，常用测量仪表有：温度测量仪表、湿度测量仪表、压力测量仪表、流量测量仪表等。

第一节 温度、湿度测量仪表

一、温度测量仪表

一般温度测量仪表都有检测和显示两个部分。在简单的温度测量仪表中，这两部分是连成一体的，如水银温度计；在较复杂的仪表中，则是分成两个独立的部分，中间用导线连接，如热电偶或热电阻是检测部分，而与之相配的指示和记录仪表则是显示部分。

按测量方式，温度测量仪表可分为接触式和非接触式两大类，常用的温度测量仪表见表1-1。

表1-1 常用的温度测量仪表

类别	名称	工作原理	测量范围/℃	精确度	优点	缺点
接触式温度测量仪表	玻璃液体温度计	利用液体受热膨胀的原理	充水银-30~600 充酒精-80~80 充戊烷-200~20	±0.1%~2.0%	简单，价廉，使用方便	易碎，不能远传
	压力式温度计	利用密闭容器内气体和蒸汽的压力或液体的体积随温度变化的原理	充气式-100~500 充蒸汽式-20~200 充液体式-40~200	±1.0%~2.5%	可远传，安全	精度低，不方便使用
	双金属温度计	利用两种膨胀系数不同的金属薄板重叠压制成的双金属带随温度变形的原理	-80~600	±1.0%~2.5%	可靠，安全，简单	精度不高
	热电偶温度计	利用热电效应	-200~1800	±0.5%~4.0%	测量范围广，较精确，可远传	参比端需要补偿
	热电阻温度计	利用金属的热阻值随温度变化的原理	-200~850	±0.01%~2.0%	精确，可远传	不能测点温，需要外接电源

表1-1(续)

类别	名称	工作原理	测量范围/℃	精确度	优点	缺点
非接触式温度测量仪表	辐射温度计	物体所发射的辐射能强度随物体的温度而变化	−50~3000	±0.5%~2.0%	品种多,量程大,结构简单,响应速度快	受物体发射率影响
	比色温度计	选定两个波段,当被测物体的发射率在这两个波段相同时,测出该两个波段的辐射强度,计算其比值,得出被测物体的真实温度	100~2000	±0.5%~1.5%	物体发射率和现场烟尘和水汽对测量结果影响小	结构复杂
	光学温度计	利用物体在不同温度下发出不同强度和颜色的光的现象,来测定高温物体的温度	700~3200	±0.5%~1.0%	可测小目标温度,是高精确度测量仪表	造价高

按工作原理,温度测量仪表主要包括膨胀式温度计(固体、液体)、热电偶温度计、热电阻温度计等。

1. 热膨胀式温度计

热膨胀式温度计是一种最简单的温度测温仪,它主要有液体膨胀式温度计、固体膨胀式温度计和压力式温度计3种。

1) 液体膨胀式温度计

液体膨胀式温度计中最常见的一种是玻璃棒液柱温度计。玻璃棒液柱温度计是利用液体体积随温度升高而膨胀的原理制成的。将测温液体封入带有感温包和毛细管的玻璃棒内,在毛细管旁加上刻度即构成了玻璃棒液柱温度计。玻璃管内液体的体积会随着周围环境温度的变化而改变,从而得出周围环境的温度值。

(1) 水银玻璃棒温度计:它是最为常见的一种玻璃棒液柱温度计,测温范围为−30~+700 ℃,由玻璃温包、毛细管、膨胀器和标尺4部分组成,如图1-1所示。

水银玻璃棒温度计的刻度分度值按其精密程度有0.01 ℃、0.02 ℃、0.05 ℃等高精密温度计,还有0.1 ℃、0.2 ℃、0.5 ℃、1.0 ℃、2.0 ℃一般精度的温度计。

水银玻璃棒温度计由于其读数直观,结构简单,造价低廉,因而成为应用最为广泛的温度计。但是其灵敏度较低,玻璃管易碎,而且无法实现远距离测量,也给它的使用带来了一定的局限性。

(2) 电接点水银温度计(图1-2):它是在普通水银温度计构造的基础上,增加了2根电极接点制成。钨丝接触点烧结在温度计的下部毛细管中,和水银相接触作为电接点的固定端。电接点温度计多数做成可调式,即上部的钨丝可用磁钢调节其插入毛细管的深度,即可调节控制的温度值。以恒定加热温度为例,当被加热介质的温度达到控制温度时,水银柱上升到该位置即与上部的钨丝接触,由继电器控制使加热器停止工作;当温度下降至低于控制温度时,水银柱下降并离开上部的钨丝,由继电器控制使加热器投入工作,经反复动作,控制温度值保持在允许范围内。

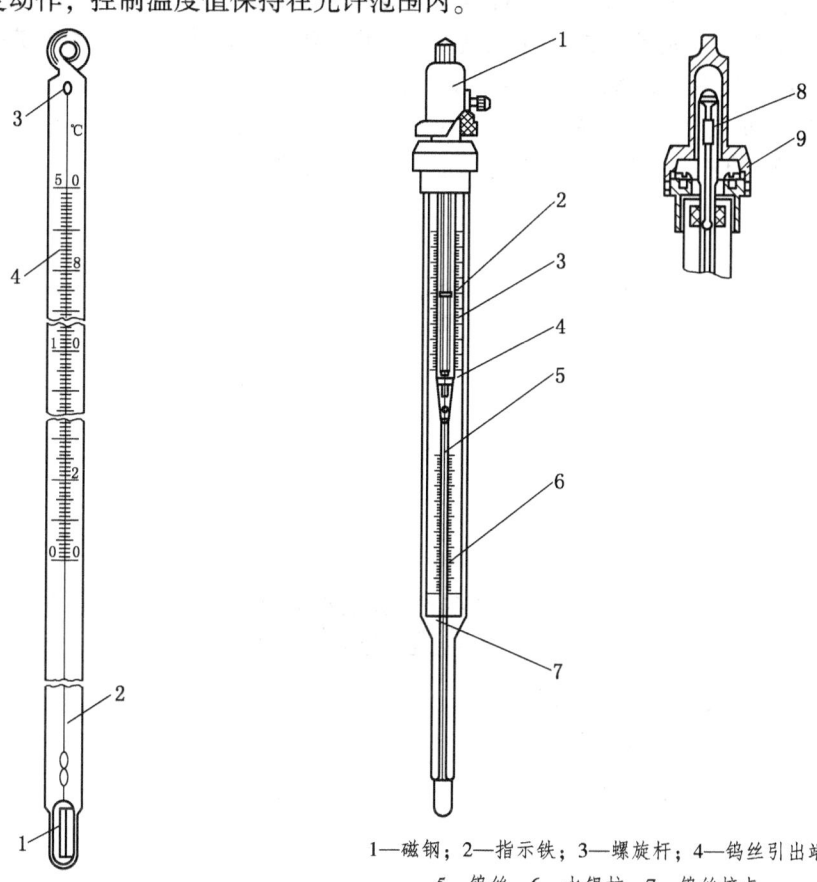

1—温包;2—毛细管;3—膨胀器;4—标尺
图 1-1　水银玻璃棒温度计

1—磁钢;2—指示铁;3—螺旋杆;4—钨丝引出端;
5—钨丝;6—水银柱;7—钨丝接点;
8—调节控制温度值的铁芯;9—引出接线柱
图 1-2　电接点水银温度计

(3) 液体温度计测温时的注意事项:

①正确选择温度计。水银温度计种类多,测温范围广,精度相差大,因此正确选用温度计至关重要。需按所测温度范围和精度要求选择相应温度计,并进行校验。如果所测温度不明,宜用较高测温范围的温度计进行测量,密切注视液柱的变化,从而确定被测温度范围,再选择合适的温度计。

②由于水银温度计的滞后性,温度计一般应置于被测介质中 15 min 左右再进行读数。

③观测温度时,人体应离开温度计。为消除人体温度对测温的影响,读数要快,而且要先读取小数,后读取大数。读数时应将眼睛、刻度线和水银面保持在同一水平线上。

④温度计出现断柱时,要进行恢复,通常有冷却法、加热法、冲击法 3 种方法。复原

后要进行校验；如果不能复原，则该温度计报废。

2）固体膨胀式温度计

双金属温度计是固体膨胀式温度计中常见的一种，通常做成自记式温度计，如图1-3所示。它的工作原理是利用两种不同温度膨胀系数的金属，一端焊接在固定点，另一端当温度变化时扭曲变形，将其转换成指针偏转角度来指示温度。其主要的元件是一个用两种或多种金属片叠压在一起组成的多层金属片。为提高测温灵敏度，通常将金属片制成螺旋形状（图1-4）。当多层金属片的温度改变时，各层金属膨胀或收缩量不等，使得螺旋卷起或松开。它的测温范围一般为 $-80\sim+600\ ℃$，精度等级通常为1.5级左右。这种温度计抗震性好，读数方便，但精度不是很高，通常用作工业仪表。

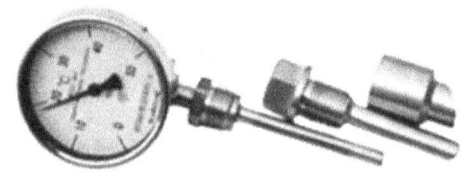

图1-3 双金属温度计

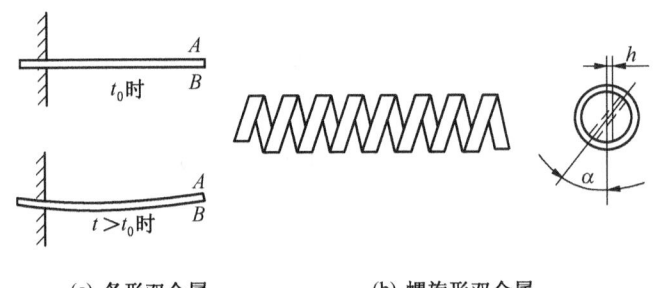

(a) 条形双金属　　　　　(b) 螺旋形双金属

图1-4 双金属温度计原理图

3）压力式温度计

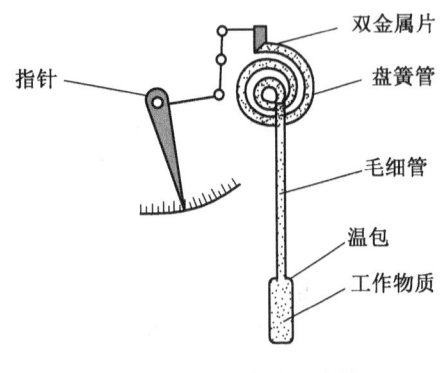

图1-5 压力式温度计

压力式温度计的工作原理是基于密闭测温系统内蒸发液体的饱和蒸气压力和温度之间的变化关系，而进行温度测量的（图1-5）。当温包感受到温度变化时，密闭系统内饱和蒸汽产生相应的压力，引起弹性元件曲率的变化，使其自由端产生位移，再由齿轮放大机构把位移变为指示值。这种温度计具有温包体积小、反应速度快、灵敏度高、读数直观等特点，有普通型和防爆型两个系列。

压力式温度计由于受毛细管长度（1~60 m）的限制，一般工作距离最大不超过60 m，被测温度一般为-50~+550 ℃。这种仪表动态性能差，示值的滞后较大，也不能测量迅速变化的温度。

电接点压力式温度计就是一种常见的压力式温度计。它适用于测量对铜及铜合金不起腐蚀作用的液体、气体和蒸气的温度，并且能在工作温度达到或超过给定值时发出信号；电接点压力式温度计也可以用来作温度调节系统内的电路接触开关。

2. 热电偶温度计

热电偶作为一种常用的测温元件，具有结构简单、使用方便、测温准确可靠、测温范围广、便于信号远传、自动记录和集中控制的优点，在实验室和工业中应用较为广泛。

热电偶是指由两种不同成分的导体 A 和 B 组成的闭合回路，是一种测温元件，它与测量仪表组合在一起，便构成了热电偶温度计。

其工作原理是：在这个闭合回路中，有两个端点，直接测温端叫作测量端，接线端子叫作参比端。当测量端和参比端存在温差时，就会在回路中产生热电流。与显示仪表或配套仪表连接，显示仪表会指出热电偶所产生的热电势。

3. 热电阻温度计

热电阻温度计是由热电阻、显示仪表（不平衡电桥或平衡电桥）以及连接导线组成（图1-6）。它是利用导体或半导体的电阻率随温度的变化而变化的原理制成的。热电阻是热电阻温度计的测量（感温）元件，是这种温度计的最主要的部分，要求也最高。

热电阻具有输出信号大，测量准确，便于远传的优点。它与不平衡电桥或平衡电桥配套使用，能自动显示、记录和实现多点测量。热电阻温度计测量原理图如图1-7所示。

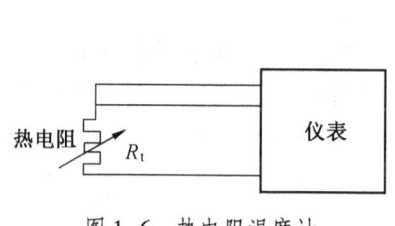
图 1-6 热电阻温度计

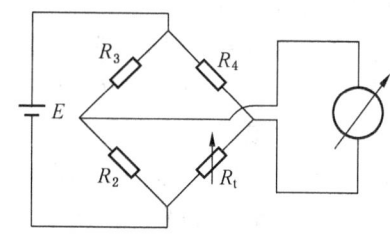
图 1-7 热电阻温度计测量原理图

热电阻温度计和热电偶温度计的测量原理是不同的。选择热电阻与热电偶的最大区别就是温度范围的选择，热电阻是测量低温的温度传感器，一般测量温度为 -200~600 ℃，而热电偶是测量中高温的温度传感器，一般测量温度为 400~1800 ℃。

目前，最常用的热电阻温度计都采用金属丝绕制成的感温元件，主要有铂电阻温度计和铜电阻温度计，在低温下还有碳、锗和铑铁电阻温度计。精密的铂电阻温度计是目前最精确的温度计，温度覆盖范围为 14~903 K，其误差可低到万分之一摄氏度，它是能复现国际实用温标的基准温度计。

铂电阻温度计的种类和型号很多，按其实际用途可分为 3 类：

（1）标准铂电阻温度计，主要是国家计量研究机构根据国际实用温标的要求研制用以复现温标的，测量仪器要求精度很高。

（2）实验室用的铂电阻温度计，主要是科研单位、学校和工厂实验室用来测量低温。

这种温度计由标准铂电阻温度计进行检定,即把温标传递至低一等级仪器时使用。

（3）工业用铂电阻温度计,在生产条件下用于测量温度。这种温度计在制造工艺和使用材料方面比实验室铂电阻温度计要求低。

二、湿度测量仪表

常用的湿度测量仪表有普通干湿球温度计、电阻湿度传感器、通风干湿球温度计等。

1. 普通干湿球温度计

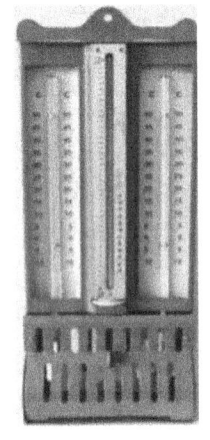

图 1-8　干湿球温度计

普通干湿球温度计由两支相同的普通温度计组成,一支温度计保持原状,它可直接测出空气的温度,称之为干球温度;另一支温度计的球部包有脱脂纱布条,纱布的下端浸在盛有蒸馏水的容器里,因毛细作用纱布会保持湿润状态,它测出的温度称之为湿球温度。干湿球温度计如图 1-8 所示。

湿球与干球之间的温度差与环境的相对湿度有一个相应的关系。在测得干湿球温度后,通过查表、查 h-d 图或计算便可求得被测空气的相对湿度。

普通干湿球温度计的使用、校验与玻璃体温度计相同,其结构简单,使用方便。但周围空气流速的变化,或存在热辐射时都将对测定结果产生较大影响。干湿球温度计的准确度还取决于干球、湿球两支温度计本身的精度;湿球温度计必须处于通风状态,只有纱布水套、水质、风速都满足一定要求时,才能达到规定的准确度。

2. 电阻湿度传感器

电阻湿度传感器是由测头和指标仪表两部分组成。

氯化锂（LiCl）是一种稳定的离子型无机盐,在空气中具有强烈的吸湿特性。其吸湿量又与空气的相对湿度成一定的函数关系,即空气的相对湿度变化,氯化锂的导电性及电阻率的大小也随之变化,吸收水分越多其电阻率越小,吸收水分越少其电阻率越大。

氯化锂电阻式湿度计就是根据这个原理制成的,其探头如图 1-9 所示。它是在有机玻璃圆形支架上平行缠绕两根铂丝或铱丝,外表涂上氯化锂溶液形成氯化锂薄膜层。两根电阻丝并不接触,仅靠氯化锂盐层导电形成回路。当探头置于被测空气中,相对湿度变化时,氯化锂中的含水量也要变化,随之两根电阻丝间的电阻也发生变化,将其输入显示仪表即可得出相应的相对湿度值。

电阻湿度传感器探头一般分几种不同的量程,它测量反应快,灵敏度高,测量范围较大,可做远距离测量、自动记录和控制等。

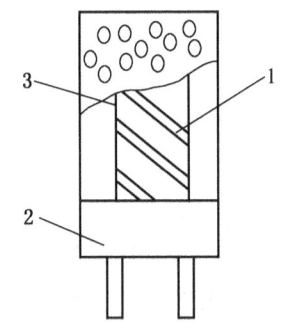

1—电阻丝；2—底座；3—金属保护罩
图 1-9　电阻湿度传感器探头

电阻湿度传感器每一种探头的测量范围是有限的且互换性差,长时间使用后存在老化的问题。探头在高温（$t=45$ ℃）高湿（$\varphi>95\%$）区使用时易损坏。

测定湿度时应根据具体的测量要求选择合适的探头,除注意使用要求外还需定期更换。为避免探头上氯化锂盐溶液发生电解，电极两端只能接交流电。

第二节 压力测量仪表

用来测量气体或液体压力的工业自动化仪表，又称压力表或压力计。常用的压力测量仪表根据转换原理不同可分为液柱式压力计、弹性压力计及电气式压力计；根据使用功能不同可分为就地指示型压力计和带电信号控制型压力计。

液柱式压力计是根据流体力学原理，将被测压力转换成液柱高度进行测量，如U形管压力计、单管倾斜式压力计及膜片式压力表等。

一、U形管压力计

U形管压力计是实验室中常见的一种测压仪表，是液柱式压力计的一种。它由U形玻璃管、工作液（水银、酒精或蒸馏水）及刻度尺组成，如图1-10所示。它的两个管口分别接压力 P_1 和 P_2。当 $P_1 = P_2$ 时，左右两管液体的高度相等。当 $P_1 \neq P_2$ 时，U形管的两管内的液面便会产生高度差，根据静压力平衡原理，可求得 $\Delta P = \rho g(h_1 + h_2)$。

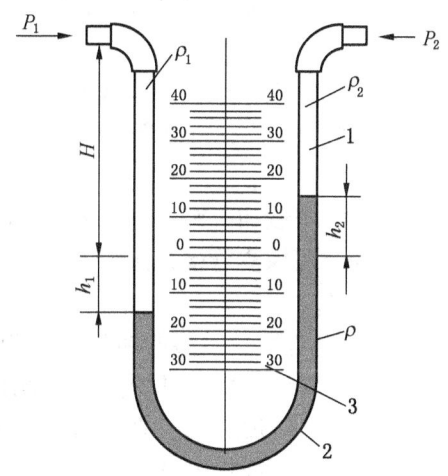

1—U形玻璃管；2—工作液；3—刻度尺
图1-10 U形管压力计

使用U形管压力计测压时，应注意因环境温度、安装时两管液柱的位置、测量地重力加速度、传压介质的性质、读数时的视线位置等因素引起的误差。

二、单管倾斜式压力计

单管倾斜式压力计也称为倾斜式微压计。它是由单管式压力计变形而成，将单管式压力计垂直放置的玻璃管改为可调节角度的倾斜式的玻璃管。改造后的单管倾斜式压力计可以测量微小的压力、负压和压差，弥补了单管式压力计和U形管压力计的不足。

单管倾斜式压力计的原理图如图1-11所示。单管倾斜式压力计的斜管一般可固定在5个倾角位置上，可以有5种不同的测量范围。其使用方法及注意事项包括：

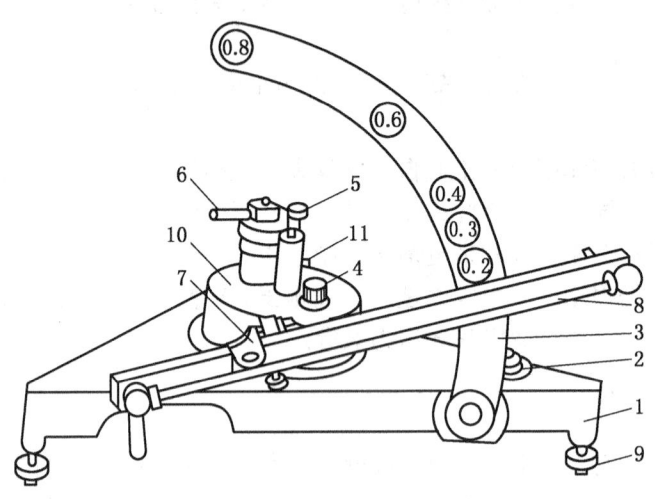

1—底板；2—水准指示器；3—弓形支架；4—加液盖；5—零位调整旋钮；
6—多向阀手柄；7—游标；8—倾斜测量管；9—定位螺钉；10—大容器；11—多向阀

图 1-11 单管倾斜式压力计的原理图

（1）使用时将仪器从箱内取出，放置在平稳且无振动的工作台上，调整仪器底板左、右两个水准调节机脚，使仪器处于水平位置，将倾斜测量管按测量值固定在弧形板上相应的常数因子数值上。

（2）旋开压力容器上的加液盖，缓慢加入密度为 0.810 g/cm³ 的酒精，调整零位。旋紧加液盖，将阀门拨在"测压"处，用橡皮管接在阀门"+"压接头上，用压气球轻吹橡皮管，直至容器及管道间的气泡排尽。

（3）将阀门拨回"校准"处，旋动零位调整旋钮校准液面的零点。若旋钮已旋至最低位置，仍不能使液面升至零点，则所加酒精量过少，应再加酒精使液面升至稍高于零点处，再用旋钮校准液面至零点；反之，所加酒精过多，则可轻吹套在阀门"+"压接头上的橡皮管，使多余酒精从倾斜测量管上端接头溢出。

（4）测量时把阀门拨在"测压"处，如被测压力高于大气压力，将被测压力的管子接在阀门"+"压接头上；如被测压力低于大气压力，应先将阀门中间接头和倾斜测量管上端接头用橡皮管接通，将被测压力的管子接在阀门"-"压接头上；如测量压力差时，则将被测的高压接在阀门的"+"压接头上，低压管接在阀门的"-"压接头上，阀门中间接头和倾斜测量管上端的接头用橡皮管接通。

（5）测量过程中，如欲校对液面零位是否有变化，可将阀门拨至"校准"处进行校对。

（6）使用以后，如短期内仍需继续使用，则容器内所贮的酒精无须排出，但必须把阀门柄拨至"校准"处，以免酒精挥发改变酒精密度，如需排出容器内所贮的酒精，则把阀门柄拨至"测压"处，将盛放酒精的器皿置于倾斜测量管上端的接头处，轻吹套在阀门"+"压接头上的橡皮管，使酒精沿倾斜测量管上端接头排出，直至排尽。

（7）必须把倾斜测量管上的读数乘以弧形支架上的对应常数因子，为所测压力值。

（8）填充酒精时，必须使酒精密度与仪器铭牌上所标明的酒精密度相符，若工作液体与标称密度不同，应换算。

（9）斜管的倾角不宜太小，一般不小于15°为宜，否则会造成读数困难。

三、膜片式压力表

膜片压力表适用于测量无爆炸危险、不结晶、不凝固、有较高黏度，但对铜和铜合金无腐蚀作用的液体、气体或蒸汽的压力。

膜片压力表结构原理：仪表由测量系统（包括法兰接头、波纹膜片）、传动指示机构（包括连杆、齿轮传动机构、指针和度盘）和外壳（包括表壳和罩圈）等组成。仪表外壳为防溅结构，具有较好的密闭性，故能保护其内部机构免受污秽浸入，如图1-12所示。

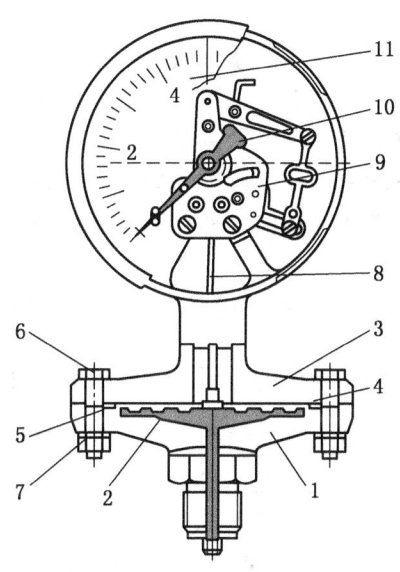

1—膜片基座；2—压力测量腔；3—上法兰；4—膜片；5—O型密封圈；
6—螺纹；7—螺母；8—连杆；9—机芯；10—指针；11—表盘

图1-12 膜片式压力表

仪表的作用原理是基于弹性元件（测量系统上的膜片）变形。在被测介质的压力作用下，迫使膜片产生相应的弹性变形——位移，借助连杆组经传动机构的传动并予放大，由固定于齿轮上的指针将被测值在表盘上指示出来。

使用环境温度为-40~+70 ℃，精确度等级为2.5级，安装方式为垂直安装。

四、电气式压力计

电气式压力计又称电学压力计，是一种能将压力转换成电信号进行传输及显示的仪表，如压力变送器。将压力直接或间接地转换成与压力有一定关系的各种电量，再通过测量电量得到压力值，常用于测量变化很快的压力、高压或超高压。

电气式压力计的测量范围较广，分别可测 7×10^{-5} Pa 至 5×10^{2} MPa 的压力，允许误差可至 0.2%。由于可以远距离传送信号，在系统运行过程中可以实现压力自动控制和报警，并可与控制系统联用。

电气式压力计一般由压力传感器、测量电路和信号处理装置所组成。常用的信号处理装置有指示仪、记录仪、控制器、微处理机等。压力传感器的作用是把压力信号检测出来转换成电信号进行输出，当输出的电信号能够被进一步变换为标准信号时，压力传感器又称为压力变送器。

第三节 流速测量仪表

流速是描述流体流动状态的主要参数之一，也是建筑环境与能源应用工程领域的一个重要参数，单位通常以 m/s 表示。通过流速可以得到流体的体积流量、质量流量及动压等重要参数。

根据不同的测量原理，常用的流速测量方法有动力测压法、散热效率测速法、激光测速法和机械测速法等，在建筑环境与能源应用工程专业领域常用的是动力测压法。

动力测压法是建立在一维管道流动理论基础上，通过管道流体压力来测量流速。在流体流动过程中，存在与流动方向同向的动压和均匀分布于各个方向的静压。当仪器迎向流体流动方向测量时，其读数为动压与静压之和，即全压；当仪器测量方向是垂直于流体流动方向时，其读数为静压。

流体的流速可以通过其与动压的关系计算得出。动力测压法的典型测量仪器为测压管，分别采用全压管和静压管测得流体的全压 p 和静压 p_j，然后利用公式 $v = \sqrt{\dfrac{(p - p_j)2}{\rho}}$ 计算得到流体速度。如果将全压管和静压管组合在一起，就能同时测得流体全压和静压之差，这种复合测压管称为毕托管（动压管、速度探针）。

毕托管在一定的速度范围内，可以达到较高的测速精度，广泛地用于测量流体的速度。毕托管测量的是空间某点处的平均速度，它的头部尺寸决定了它的空间分辨率。此外，毕托管的总压孔和静压孔的位置、大小、形状以及探头与支杆的连接方式等，都会影响毕托管的测量结果。根据毕托管测量的流体性质，将毕托管设计成不同的形状，常用的毕托管有L形和S形两种。

(1) L形毕托管。其结构如图 1-13 所示，在测头顶端开有总压孔，通过内管接至管柱顶端的总压引出接管。在水平测量段的适当位置钻有静压测孔或狭缝，它感受的静压通过外管与内管的中间环形通道与接至静压引出接管连通。头部为球形的毕托管，在流动方向偏斜±10°范围内总压和静压均匀下降，因而压差保持不变。L形毕托管测得的总压、静压或动压后，将两个引出接管与压力计连接，即可在压力计上读出相应的压力数值。

(2) S形毕托管。普通的测压管若用于测量含尘气体时，测孔易被堵塞，造成测量的误差或者根本无法使用，这时可采用S形毕托管。其结构如图 1-14 所示，它由两根相同的金属管并排组成，端部为两个方向相反而开孔面又相互平行的测孔。测定时，一个孔口面正对气流，即与气流方向垂直，测得的是全压；另一个孔口面背向气流，测得的是静压。S形毕托管的开孔面积较大，减少了被粉尘堵塞的可能，可保证测定的正常进行。这

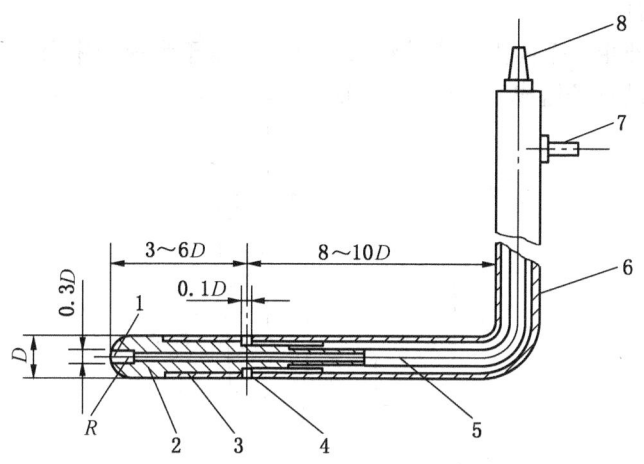

1—全压测孔；2—测头；3—外管；4—静压孔；5—内管；6—管柱；7—静压引出接管；8—全压引出接管

图1-13 L形毕托管结构图

种测压管对来流方向的变化很敏感，随着流动偏斜角增加测量所得速度值与实际值的差别就增大。因此，使用时应与校正方向一致。

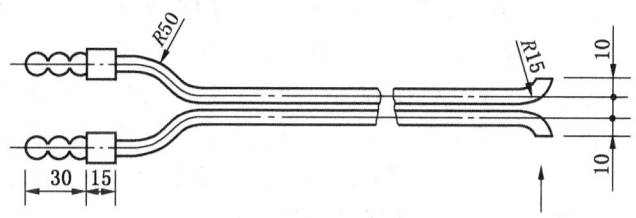

图1-14 S形毕托管结构图

S形毕托管结构简单、制造方便，横截面尺寸小，可以用于壁面附近的测量，特别适用于测量含尘量较大的气流和黏度较大的液体。

第四节 流量测量仪表

目前，测量流量的仪表主要有浮子流量计、超声波流量计、涡轮流量计及电磁流量计等。无论哪种流量计，都有一定的适用范围，对流体的特性以及管道条件都有特定的要求：

(1) 流体必须充满管道内部，并连续流动。
(2) 流体在物理上和热力学上是单相的，流经测量元件时不发生相变。
(3) 流体的速度一般在音速以下。

一、浮子流量计

浮子流量计又称为转子流量计，其工作原理基于节流效应。浮子节流元件（浮子）在测量过程中，始终保持其前后的压降不变，而是通过改变节流面积来反映流量，所以也称恒压降变面积流量计。

浮子流量计主要由一个向上扩张的锥形管和一个置于锥形管中可以上下自由移动、密度比被测流体稍大的浮子组成，如图1-15所示。

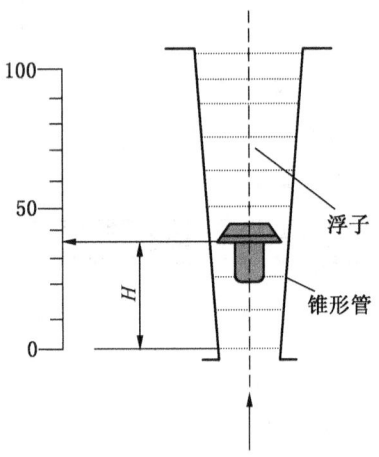

图1-15　浮子流量计

当被测流体自下而上流经锥形管时，由于节流作用在浮子上、下面产生差压，进而形成作用于浮子的上升力，使浮子向上运动。此外，作用在浮子上的力还有重力、流体对浮子的浮力、流体流动时对浮子的黏性摩擦力。当上述这些力相互平衡时浮子就停留在一定的位置。如果流量增加，环形流通截面中的平均流速加大，浮子上下面的静压差增加，浮子向上升起。此时，浮子与锥形管之间的环形流通面积增大、流速降低、静压差减小，浮子重新平衡，其平衡位置的高度就代表被测介质的流量。

浮子流量计须垂直安装在无震动的管道上，不应有明显的倾斜，被测流体自下而上流过仪表。

二、超声波流量计

1. 基本原理

超声波在流动流体中的传播速度与流体的流速有关。超声波以某一角度射入流体中传播，然后由装在管道对面的接收换能器接受。接受换能器则利用正压电效应，将高频压力波转换成高频的电脉冲信号。

图1-16所示为管道式超声波流量计，该类型流量计利用了低电压、多脉冲时差原理，采用高精度和超稳定的双平衡信号差分发射、差分接收专利数字检测技术，测量顺流和逆流方向的声波传输时间，根据时差计算出流速。

超声波流量计是一种非接触式仪表，它既可以测量大管径的介质流量也可以用于不易接触和观察的介质的测量。它的测量准确度很高，几乎不受被测介质各种参数的干扰。

图1-16　管道式超声波流量计

2. 基本性能

超声波流量计结构简单，无运动部件，阻力损失小，准确度优于 1.0 级。它适用于钢、不锈钢、铸铁、铜、PVC、玻璃钢等均匀质密的管道。

（1）可实现非接触在线测量（外夹式传感器）。

（2）无阻力、无压力损失，无深度插入部件，无可动部件，不影响介质流动参数和状态（外夹式传感器）。

（3）安装位置灵活，直管段要求上游 $10D$（管道公称直径），下游 $5D$。

（4）测量范围宽广，既可测量小管径（100 mm 以下），又可测量大管径（最大到 6000 mm）。仪表对介质流速的高灵敏度使得测量极慢或快速流动介质时，均可满足精度要求。

（5）可不断流拆装，在线维修极为方便（外夹式传感器）。

（6）适用于各种工作环境，可在高低温、潮湿、粉尘、振动等环境下长期稳定地工作。

三、涡轮流量计

涡轮流量计是以动量矩守恒原理为基础设计的流量测量仪表，其结构如图 1-17 所示。

当流体通过安装有涡轮的管路时，流体的动能冲击涡轮发生旋转，流体的流速越高，动能越大，涡轮转速也就越高。在一定的流量范围和流体黏度下，涡轮的转速和流速成正比。当涡轮转动时，涡轮叶片切割置于该变送器壳体上的检测线圈所产生的磁力线，使检测线圈磁电路上的磁阻周期性变化，线圈中的磁通量也跟着发生周期性变化，检测线圈产生脉冲信号，即脉冲数。其值与涡轮的转速成正比，也即与流量成正比。这个电信号经前置放大器放大后，则送入电子频率仪或涡轮流量计算指示仪，以累积和指示流量。

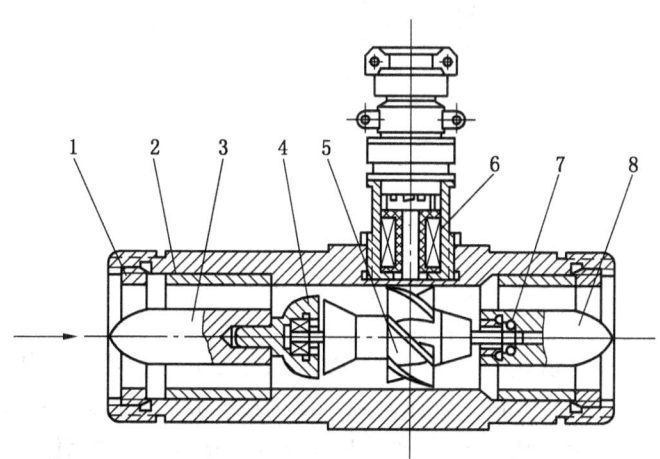

1—紧固环；2—壳体；3—前导流器；4—止推片；5—涡轮叶片；6—磁-电转换器；7—轴承；8—后导流器

图 1-17 涡轮流量计结构图

涡轮流量计测量精度高，其精度可以达到 0.5 级以上，在狭小范围内甚至可达 0.1%，故可作为校验1.5~2.5级普通流量计的标准计量仪表；对被测信号变化的反应快，若被测介质为水，涡轮流量计的时间常数一般只有几毫秒到几十毫秒，因此，特别适用于对脉动流量的测量。

为了方便维修，涡轮流量计的传感器应安装在空间较大、管道无振动、无强电磁干扰与热辐射影响的场所。根据传感器上游测阻流件类型配备必要的直管段或流动调整器。应尽量避免阳光直射、防止雨淋。水平安装的传感器要求管道不应有目测可察觉的倾斜（一般在5°以内），垂直安装的传感器管道垂直偏差也应小于5°。传感器位置尽量不要处于管线低点，若处于管线低点，为防止流体中杂质沉淀，应在其后的管线装排放阀，定期排放沉淀杂质。如果所测流体中含有杂质，则应在传感器上游侧装过滤器。对于不能停流的，应安装两套过滤器轮流过滤杂质或用自动清洗型过滤器。若被测液体含有气体，则应在传感器上游侧装消气器。过滤器和消气器的排污口和消气口要通向安全场所。

四、电磁流量计

电磁流量计是应用电磁感应原理，根据导电流体通过外加磁场时产生的电动势来测量导电流体流量的一种仪器。主要由磁路系统、测量导管、电极、外壳、衬里和转换器等部分组成。在结构上，电磁流量计由电磁流量传感器和转换器两部分组成。传感器安装在水系统管道上，它的作用是将流进管道内的水体积流量直线性地变换成产生电势信号，并通过传输线将此信号送到转换器。转换器安装在离传感器不太远的地方，它将传感器送来的流量信号进行放大，并转换成流量信号成正比的标准电信号输出，以进行显示，累积和调节控制。其原理简图如图1-18所示。

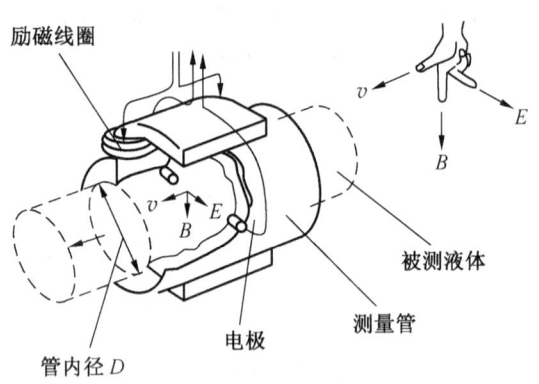

图1-18　电磁流量计原理简图

电磁流量计主要有管道式电磁流量计和插入式电磁流量计两种。电磁流量计的优点是压损小，可测流量范围大。一般工业用电磁流量计被测介质流速以2~4 m/s为宜，在特殊情况下，最低流速应不小于0.2 m/s，最高应不大于8 m/s。最大流量与最小流量的比值一般为20∶1以上，使用的工业管径范围宽，可测量DN10~DN2000范围内的管径，输出信号和被测流量呈线性，精确度高，可测量电导率不小于5 μs/cm的液体流量的计量。

管道式电磁流量计简介：

(1) 能有效避开强电力设备、高频设备、强电源开关设备，避开高温热源和辐射源的影响,避开强烈震动场所和强腐蚀环境等,同时要考虑安装维修方便。

(2) 具有保存每天24小时的流量数据、停电时间、零流量时间等多种数据及报警等功能。

(3) 流量检测仪表具有显示方式、通信方式和数据存储功能。

(4) 其传感器的安装:在垂直管道上测量气体流量时,传感器可以安装在垂直管道上,流向不限。若被测气体中含有少量的液体,气体流向应由下向上。测量液体流量时,液体流向应由下向上。在水平管道上,无论测量何种流体,均可侧装。在有保温层管道上测量高温蒸汽时,保温层最多不能超过支架高度的三分之一。

第五节 空气质量检测仪表

空气质量的好坏反映了空气中污染物浓度的高低。空气污染是一个复杂的现象,在特定时间和地点空气污染物浓度受到许多因素影响。室内空气质量检测一般包括 CO、CO_2、苯、甲醛、氨、氡、PM_{10}、$PM_{2.5}$ 等。常用的检测仪表主要有室内甲醛检测仪、粉尘检测仪等。

1. 室内甲醛检测仪

室内甲醛检测仪(图1-19)分为两种:一种为家用甲醛检测仪,另一种为工业甲醛检测仪。目前室内甲醛检测仪主要检测的有害气体有:甲醛、苯、甲苯、二甲苯、氨气、TVOC 等,可用于检测治理公司、环境保护单位、学校、厂房等。

图1-19 室内甲醛检测仪

室内甲醛检测仪是一种能同时检测6种室内污染气体的现场检测仪器。全触摸式按钮设计,大屏幕 LCD 显示温湿度环境条件,芯片集成控制,气体检测时间可由电子控制调整,达到设定的时间后,可自动停止工作,可现场对甲醛液晶显示读数,得出精确甲醛结果,内置微型打印机,可直接打印温度、湿度、甲醛浓度、检测单位、检测日期时间、超标结果结论,同时外置采样仪箱体内存放设计,更加便携轻便,且操作简便、设计合理、外形美观。

2. 粉尘检测仪

粉尘检测仪简称粉尘仪,也叫粉尘测量仪或粉尘测试仪,主要用于检测环境空气中的粉尘浓度。粉尘仪的种类有:激光粉尘仪、在线式连续监测粉尘仪、便携式粉尘仪等,广泛应用于各种无尘车间、洁净室、公共环境等场所的粉尘粒子浓度。

粉尘检测仪一般一次采样可同时测得多种粒径的尘埃粒子数,标配温湿度传感器,温度范围是-40~120 ℃,湿度范围是 0~100% RH,可以进行实时存储、定时存储;可存储数据量大,并可在屏幕上查看历史数据;可选配微型打印机打印数据,可设定打印周期、自动打印、手动打印等。

传输型颗粒物在线粉尘仪监测系统主要适用厂房定点式粉尘在线连续监测以及大气环境定点式颗粒物在线连续监测,分为有线传输和无线传输两种方式。

颗粒物在线监测系统由一个中心站和 n 个子站构成。在线式激光粉尘仪作为终端,通过数据传输单元,实现粉尘仪(子站)与 GPRS 无线网络的连接,再通过 GPRS 网络连接 Internet 网络,将数据传送至数据中心(中心站)以实现数据从终端到数据中心以及数据中心到终端的双向通信。在线式激光粉尘仪的构成包括在线式激光粉尘仪及数据传输单元,中心站由服务器及中心站软件组成。在线监测粉尘仪能够具有实时特点,数据可及时传送到数据中心,可根据用户需要,定时启动关闭子站粉尘仪,实现无人值守的粉尘浓度在线监测,并能够进行数据分析、超限报警、故障诊断、故障解除等功能。

第二章 建筑环境与能源应用工程专业实验

第一节 二氧化碳气体 p-v-T 关系测定

一、实验目的

(1) 了解 CO_2 临界状态的观测方法,增加对临界状态概念的感性认识。

(2) 加强对课堂所讲的工质热力状态、凝结、汽化、饱和状态等基本概念的理解。

(3) 掌握 CO_2 的 p-v-T 关系的测定方法,学会用实验测定实际气体状态变化规律的方法和技巧。

二、实验原理

当简单可压缩系统处于平衡状态时,状态参数压力 p、比容 v 和绝对温度 T 之间存在某种确定关系,即

$$F(p, v, T) = 0 \tag{2-1}$$

理想气体的状态方程的最简单形式为

$$pv = RT \tag{2-2}$$

实际气体的状态方程比较复杂,虽然已经有了许多在某种条件下能较好反映 p、v、T 之间关系的实际气体的状态方程,但目前尚不能将各种气体的状态方程用一个统一的形式表示出来。因此,具体测定某种气体的 p、v、T 关系,并将实测结果表示在坐标图上形成状态图,是一种重要而有效的研究气体工质热力性质的方法。

在平面的状态图上只能表达两个参数之间的函数关系,故具体测定时有必要保持某一个状态参数为定值,本实验就是在保持绝对温度 T 不变的条件下进行的。

三、实验装置

整个实验装置主要由压缩室本体、活塞式压力计和恒温器组成(图 2-1)。

气体的压力由压力计的手轮来调节。压缩气体时,缓缓转动手轮以提高油压。气体的温度由恒温器给水套供水而维持稳定,并由水套内的温度计读出。压缩气体的压缩室本体由一根预先刻度并封装有 CO_2 气体的玻璃毛细管和水银室组成(图 2-2)。实验时,缓缓使水套升温,转动活塞式压力计的手轮,逐渐增大压力油室中的油压,使毛细玻璃管中的水银面缓缓上升,压缩毛细管中的 CO_2 气体。CO_2 气体的体积可由毛细管上的刻度读出。玻璃恒温水套用以维持毛细管内气体温度不变的条件,并可以透过它观察气体的压缩过程。

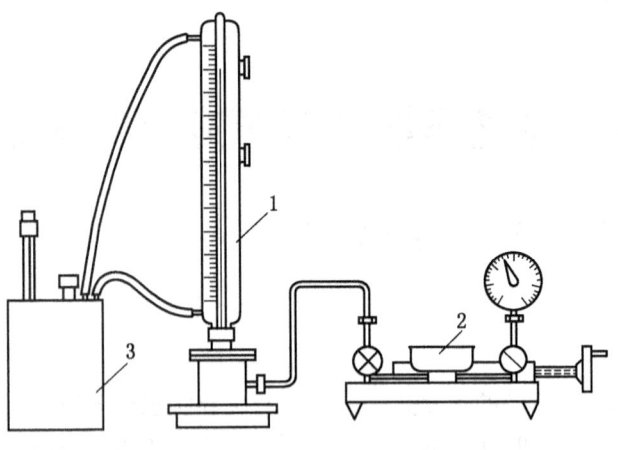

1—压缩室本体；2—活塞式压力计；3—恒温器

图 2-1 实验装置示意图

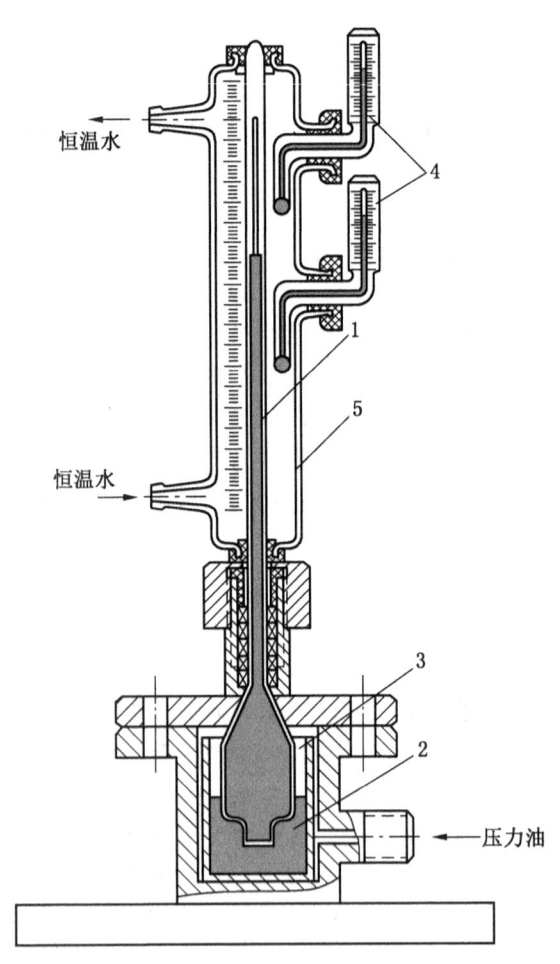

1—玻璃毛细管；2—水银室；3—压力油室；4—温度计；5—恒温水套

图 2-2 压缩室本体示意图

四、实验内容

（1）测定 CO_2 气体的 p-v-T 关系。在 p-v 坐标系中绘出低于临界温度（$t=20$ ℃）、临界温度（$t=31.1$ ℃）和高于临界温度（$t=35$ ℃）的三条等温曲线，并与标准实验曲线及理论计算值相比较分析其差异原因。

（2）测定 CO_2 在低于临界温度（$t=20$ ℃ 和 $t=27$ ℃）饱和温度和饱和压力之间的对应关系，并与图 2-3 中给出的 t_s-p_s 曲线比较。

（3）观测临界状态。包括：

①临界状态附近气液两相模糊的现象。

②气液整体相变现象。

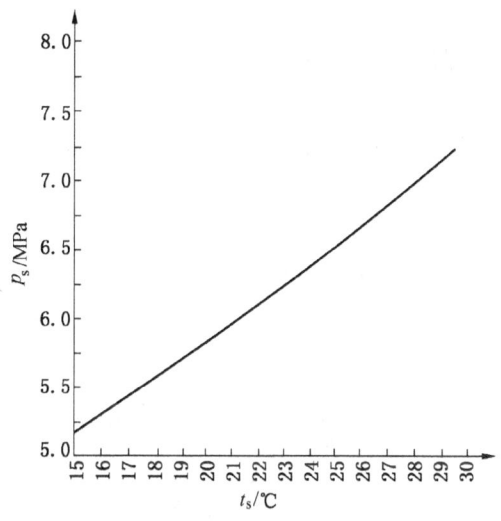

图 2-3　CO_2 饱和温度与饱和压力

五、实验步骤

（1）按图 2-1 所示装好实验设备，并开启实验台本体上的日光灯。

（2）恒温器准备及温度调节。包括：

①将蒸馏水注入恒温器内，注至离盖 30~50 mm 为止。检查并接通电路，开动电动泵使水循环。

②在温度控制器的控制面板上设定好实验用的温度。

③视水温情况，开关加热器。当水温未达到要调定的温度时，恒温器指示灯是亮的，当指示灯时亮时灭闪动时，说明温度已达到所需要恒温。

④观察玻璃水套上的温度计，若其读数与恒温器上的温度计及电接点温度计标定的温度一致时（或基本一致），则可（近似）认为承压玻璃管内的 CO_2 的温度处于所标定的温度。

⑤当所需要改变实验温度时，重复步骤②~④即可。

（3）加压前的准备。压力台抽油、充油的操作过程非常重要。其具体操作为：

①关闭压力表及其进入本体油路的两个阀门，开启压力台上油杯的进油阀。

②摇退压力台上的活塞螺杆,直至螺杆全部退出,这时压力台油缸中抽满了油。
③先关闭油杯阀门,然后开启压力表和进入本体油路的两个阀门。
④摇进活塞螺杆,使本体充油。如此反复,直至压力表上有压力读数为止。

特别注意,如螺杆已推进到极限位置,而压力尚未达到所需值,必须再一次抽油加压,此时要严格按以下程序操作:先关油路控制阀,再开油杯进油阀,使压力表压力降为0;关压力表控阀,倒退螺杆抽油至极限位置;然后关闭油杯进油阀,开压力表控制阀,推进螺杆逐渐加压直到刚才所建立的油压时才能开启油路控制阀(在此以前油路控制阀绝对不能开启),再进一步加压。

⑤再次检查油杯阀门是否关好,压力表及本体油路阀门是否开启。若均已调定,即可进行实验。

(4) 记录实验数据。包括:
①设备数据记录,含仪器及仪表的名称、型号、规格、量程、精度。
②常规数据记录,含室温、大气压、实验环境情况等。
③由于承压玻璃管内 CO_2 质量不便测量,而玻璃管内径或截面积(A)又不易测准,因而实验中采用间接办法来确定 CO_2 的比容,认为 CO_2 的比容 ν 与其高度是一种线性关系。具体方法如下:

已知 CO_2 液体在 20 ℃、9.8 MPa 时的比容 ν 为 0.00117 m^3/kg。

实际测定实验台在 20 ℃、9.8 MPa 时的 CO_2 液柱高度为 Δh_0(m),注意玻璃管水套上刻度的标记方法。

由于
$$\nu = \frac{\Delta h_0 A}{m} = 0.00117 \ m^3/kg \tag{2-3}$$

故
$$\frac{m}{A} = \frac{\Delta h_0}{0.00117} = k \tag{2-4}$$

式中 k——玻璃管内 CO_2 的质面比常数,kg/m^2。

所以,任意温度、压力下 CO_2 的比容 ν 为(单位为 m^3/kg)

$$\nu = \frac{\Delta h}{\frac{m}{A}} = \frac{\Delta h}{k} \tag{2-5}$$

$$\Delta h = h - h_0$$

式中 h——任意温度、压力下水银柱高度;
h_0——承压玻璃管内径顶端刻度。

(5) 测定低于临界温度 t = 20 ℃时的定温线。其具体操作为:
①将恒温器调定在 t = 20 ℃,并保持恒温。
②压力从 4.41 MPa 开始,当玻璃管内水银柱升起来后,应足够缓慢地摇进活塞螺杆,以保证定温条件。否则,将来不及平衡,使读数不准。
③按照适当的压力间隔取 h 值,直至压力 p = 9.8 MPa。
④注意加压后 CO_2 的变化,特别是注意饱和压力与饱和温度之间的对应关系以及液化、气化等现象。要将测得的实验数据及观察到的现象一并填入表 2-1。
⑤测定 t = 20 ℃时其饱和温度与饱和压力的对应关系。

表2-1　CO_2等温实验原始记录

$t=20$ ℃				$t=31.1$ ℃（临界）				$t=35$ ℃			
p/MPa	Δh	$\nu=\dfrac{\Delta h}{k}$	现象	p/MPa	Δh	$\nu=\dfrac{\Delta h}{k}$	现象	p/MPa	Δh	$\nu=\dfrac{\Delta h}{k}$	现象

（6）测定临界参数，并观察临界现象。

①按上述方法和步骤测出临界等温线，并在该曲线的拐点处找出临界压力 p_c 和临界比容 ν_c，并将数据填入表2-2。

②观察临界现象。临界温度指气体能通过加压压缩成液态的最高温度，当温度高于临界温度时，无论加多大的压力也不能使气体液化。

六、实验数据分析与整理

（1）按表2-1的数据，在 p-ν 坐标系中画出三条等温线。

（2）将实验测得的等温线与图2-4所示的标准曲线比较，并分析它们之间的差异及原因。

（3）将实验测得的饱和温度与饱和压力的对应值与图2-3给出的 t_s-p_s 曲线相比较。

（4）将实验测定的临界比容 ν_c 与理论计算值一并填入表2-2，并分析它们之间的差异及其产生误差的原因。

表2-2　临界比容 ν_c

标准值	实验值	$\nu_c=\dfrac{RT_c}{p_c}$/(m³·kg⁻¹)	备注
0.00216			

七、实验报告编写

（1）简述实验原理及过程。

（2）记录各种原始数据。

（3）实验结果整理后的图表。

（4）分析比较等温曲线的实验值与标准值之间的差异及原因，分析比较临界比容的实验值与标准值及理论计算之间的差异及原因。

（5）实验收获及改进意见。

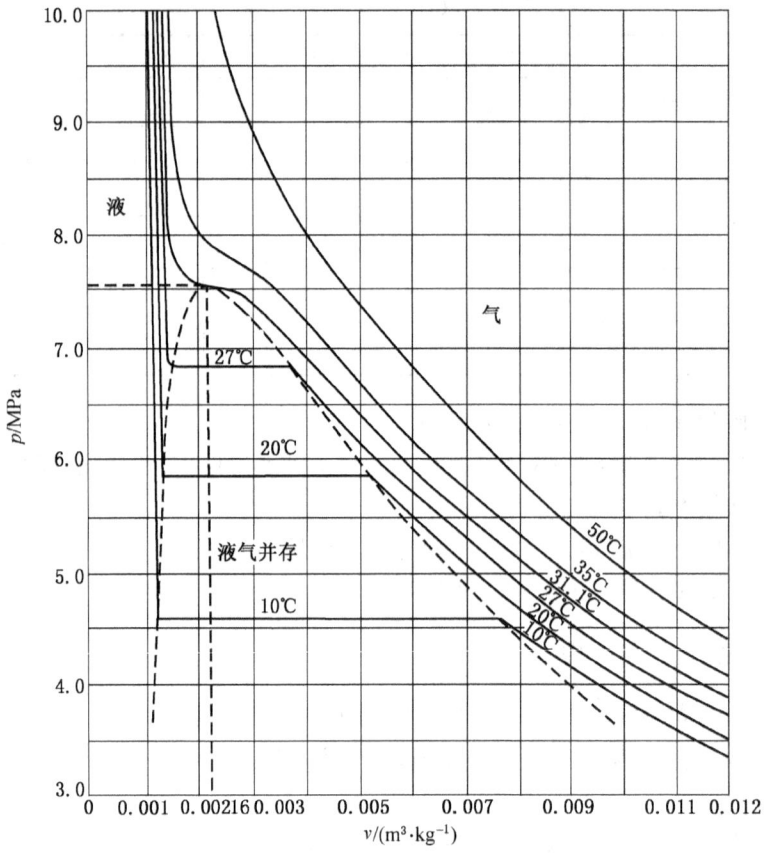

图 2-4 标准曲线

第二节 空气定压比热测定

一、实验目的

（1）测定空气的定压比热，分析其与温度的关系。
（2）了解混合气体（湿空气）的热力学性质。
（3）掌握测定湿空气状态的仪表使用和方法。

二、实验原理

定压加热的基本关系式为

$$c_p = \frac{Q}{m(t_2 - t_1)} \tag{2-6}$$

（1）空气进出口温度 t_1 和 t_2 由温度计示出。
（2）恒热源采用电热器，加热热量 Q（单位为 W）可由电热器功率测出，即

$$Q = IU - I^2 R_{mA} \tag{2-7}$$

(3) 干空气流量 m 测定。由容积流量计测定出湿空气的容积流量 V 值。利用相应的湿空气焓湿图确定出含湿量 d，计算出湿空气中水蒸气的容积成分，即

$$r_w = \frac{d}{622 + d} \tag{2-8}$$

根据道尔顿定律得干空气分压力 p_g（单位为 Pa）为

$$p_g = (1 - r_w)\left(B + \frac{\Delta h}{0.11}\right) \tag{2-9}$$

水蒸气的分压力 p_w（单位为 Pa）为

$$p_w = r_w\left(B + \frac{\Delta h}{0.11}\right) \tag{2-10}$$

又根据理想气体状态方程，计算出干空气质量流量 M_g（单位为 kg/s）和水蒸气的质量流量 M_w（单位为 kg/s）为

$$M_g = \frac{p_w v}{R_g(t_0 + 273)} = \frac{(1 - r_w)\left(B + \dfrac{\Delta h}{0.11}\right)}{R_g(t_0 + 273)} \tag{2-11}$$

$$M_w = \frac{p_w v}{R_w(t_0 + 273)} = \frac{r_w\left(B + \dfrac{\Delta h}{0.11}\right)\dfrac{10}{1000\,\tau}}{R_w(t_0 + 273)} \tag{2-12}$$

式中　　B——当地大气压，Pa；

Δh——空气流的表压，mmH$_2$O。

(4) 干空气吸热量 Q_g（单位为 kJ）为

$$Q_g = Q - Q_w = c_{pm}\int_{t_1}^{t_2} M_g(t_2 - t_1) \tag{2-13}$$

水蒸气吸热量 Q_w（单位为 kJ）为

$$Q_w = M_w\int_{t_1}^{t_2}(0.0967 + 0.0000279t)\,dt \tag{2-14}$$

测得干空气比热（平均比热） c_{pm} [单位为 kJ/(kg·k)] 为

$$c_{pm}\Big|_{t_1}^{t_2} = \frac{Q - Q_w}{M_g(t_2 - t_1)} \tag{2-15}$$

三、实验装置

空气定压比热测定实验装置如图 2-5 所示。

(1) 比热仪本体（图 2-6）：由多层杜瓦瓶组成，内部装有电热器、均流网、旋流片和混流网，以保证被加热气体均匀混合，使湿空气各断面处于平衡状态。杜瓦瓶进出口装有温度计，以测定空气进出口温度 t_1 和 t_2（出口温度计可根据测温量程范围进行调换）。

(2) 湿式气体流量计与节流阀：调节节流阀以控制流量。流量数值由流量计累计读数和所用时间的比值计算。流量计出口上装有 U 形管压差计和温度计，指示流量计出口湿空气表压力 Δh 和温度 t_0，从而确定湿空气状态。

(3) 电热测试系统：由电流表、伏特表和调压器组成。为保证电热器和风机运行稳定，应和稳压电源相接。

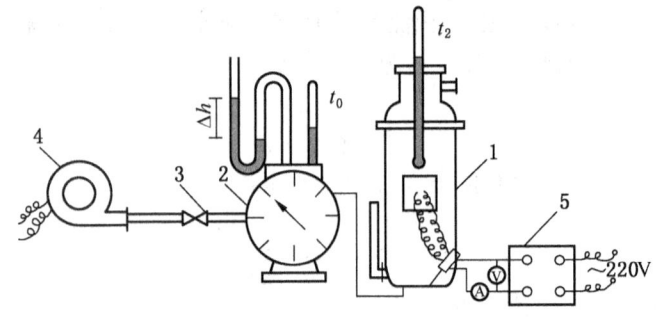

1—比热仪本体；2—湿式气体流量计；3—节流阀；4—风机；5—调压器

图 2-5 空气定压比热测定实验装置

四、实验步骤

（1）按图 2-5 所示实验装置连接电路和测试仪表风管系统，选择所需出口温度计插入杜瓦瓶中混流网的凹槽内。

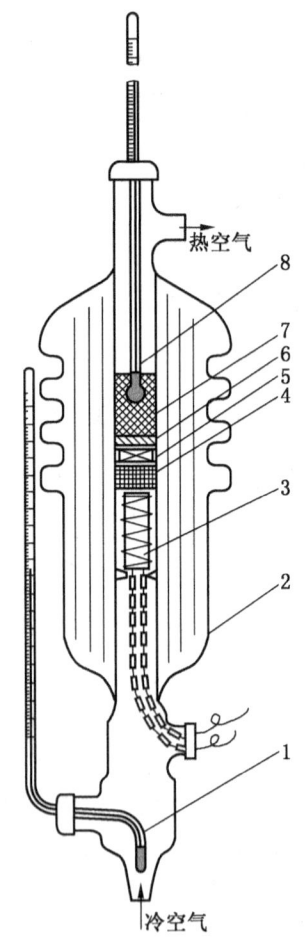

1—进口温度计；2—多层杜瓦瓶；3—电加热器；4—均流网；5—绝缘垫；
6—旋流片；7—混流网；8—出口温度计

图 2-6 比热容测定仪结构原理图

（2）摘下流量计出口橡皮管，开动风机，调节节流阀，使流量保持在额定值（0.5 m³/h）左右。利用干湿球温度计或露点温度计测出出口空气的干球温度 t_0 和湿球温度 t_w（或露点温度 t_a）。

（3）将橡皮管接通流量计出口和比热仪本体入口，使空气流通过比热仪。接通电热器，调节调压器逐渐使比热仪本体出口温度升高到预计的温度。

按出口与入口温度差 Δt 以及每流过 10 L 空气所用时间 τ 估计所需电功率 N。

（4）待出口温度稳定以后（即 10 min 内无变化或变化不大），以秒表测定流量计流过 10 L 所需的时间 τ，计算出湿空气容积流量 V。

（5）记录比热仪本体进出口温度 t_1 和 t_2、当地大气压 B、流量计出口表压力 Δh、电压表读数 U、电流表读数 I 以及电流计内阻 R_{mA}。

（6）调节调压器来提高电热器功率，同时适当增大空气流量。经一定时间稳定后，重复上述步骤，得到又一出口温度下比热数值。这样，几经反复，得到几种不同出口温度下的比热数值，从而描绘出 c_p-t 曲线。

注意：实验电压不得超过 220 V，出口温度不得超过 300 ℃。禁止在无气流通过时电热器运行。

（7）切断电热器电源，使风机继续运行 10 min 后再切断风机电源，使实验系统恢复原状态。

五、实验数据分析与整理

绘制 c_p-t 曲线。设定 c_p-t 为线性关系，其关系式为

$$c_p = a + bt \tag{2-16}$$

$$c_{pm}\bigg|_{t_1}^{t_2} = \frac{\int_{t_1}^{t_2}(a+bt)\,dt}{t_2 - t_1} = a + \frac{b}{2}(t_2 + t_1) \tag{2-17}$$

其中，以 $\dfrac{t_2 + t_1}{2}$ 为横坐标，以 $c_{pm}\bigg|_{t_1}^{t_2}$ 为纵坐标，绘制出不同温度范围内的平均定压比热坐标图，利用回归分析即可求出 a 和 b 值。

六、实验报告编写

（1）简述实验原理及过程。
（2）列出数据的原始记录表（表 2-3、表 2-4）。

表 2-3 记 录 表 1

次序	t_0/℃	t_w/℃	B/Pa	Δh/mmH₂O	干气 d/(g·kg⁻¹)	$r_w = \dfrac{d}{622+d}$	τ/s	$V = \dfrac{10}{1000\tau}$/(m³·s⁻¹)
1								
2								
3								

(3) 实验结果整理后的图表。将实验数据计算结果整理列入表 2-3、表 2-4 中，绘制空气定压比热随温度变化曲线（图 2-7）。

(4) 实验收获及改进意见。

表 2-4 记 录 表 2

次序	t_1/℃	t_2/℃	I/A	U/V	$Q = IU$	$c_{pm} = \dfrac{Q}{mg(t_2 - t_1)}$
1						
2						
3						

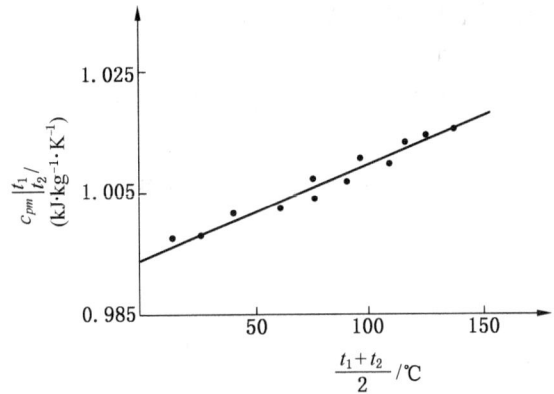

图 2-7 空气定压比热随温度变化曲线

第三节 稳态平板法测定绝热材料导热系数

一、实验目的

(1) 巩固稳定导热过程的基本理论，学习用平板法测定绝热材料导热系数的实验方法和技能。

(2) 测定试验材料的导热系数。

(3) 确定试验材料导热系数与温度的关系。

二、实验原理

导热系数是表征材料导热能力的物理量。对于不同的材料，导热系数是不同的；对同一材料，导热系数会随着温度、压力、湿度、物质的结构和重度等因素而变化。各种材料的导热系数都用试验方法来测定，如果要分别考虑因素的影响，就需要针对各种因素加以试验，往往不能只在一种试验设备上进行。稳态平板法是一种应用一维稳态导热过程的基本原理来测定材料导热系数的方法，可以用导热系数的测定实验，测定材料的导热系数及其和温度的关系。

实验设备是根据在一维稳态情况下通过平板的导热量 Q 和平板两面的温差 Δt 成正比，和平板的厚度 δ 成正比，以及和导热系数 λ 成正比的关系来设计的。

通过薄壁平板（壁厚小于十分之一壁长和壁宽）的稳定导热量为

$$Q = \frac{\lambda}{\delta}\Delta t \cdot A \tag{2-18}$$

测定时，如果将平板两面的温差 $\Delta t = t_R - t_L$、平板厚度 δ、垂直热流方向的导热面积 A 和通过平板的热流量 Q（单位 W）测定，就可以得出导热系数 [单位为 W/(m·℃)] 为

$$\lambda = \frac{Q\delta}{\Delta t F} \tag{2-19}$$

需要指出，上式所得的导热系数是在当时的平均温度下材料的导热系数值，此平均温度为

$$\bar{t} = \frac{1}{2}(t_R + t_L) \tag{2-20}$$

在不同的温度和温差条件下测出相应的 λ 值，然后将 λ 值标在 λ-$\bar{t}$ 坐标图内，就可以得出 $\lambda = f(\bar{t})$ 的线性关系。要求采用 Excel 等软件进行数据处理。

三、实验装置

稳态平板法测定绝热材料导热系数的实验装置如图 2-8 和图 2-9 所示。被试验材料做成二块方形薄壁平板试件，面积为 (300×300)mm²，实际导热计算面积 A 为 (200×200)mm²，板的厚度为 $\delta = 20$ mm，平板试件分别被夹紧在加热器的上下热面和上下水套的冷面之间。加热器的上下面和水套与试件的接触面都设有铜板，以使温度均匀。利用薄膜式加热片实现对上下试件热面的加热，而上下导热面积水套的冷却面是通过循环冷却水（或通过自来水，科研使用时最好通过自来水或大的自备水箱）来实现的。在中间 (200×200)mm² 部位上安设的加热器为主加热器。为了使主加热器的热量能够全部单向通过上下两个试件并通过水套的冷水带走，在主加热器四周 [即 (200×200)mm² 之外的四侧] 设有 4 个辅助加热器，测试时控制使主加热器以外的四周保持与中间主加热器的温度一致，以免热流量向旁侧散失。主加热器的热面中心温度 t_1（或 t_2）和冷面中心温度 t_3（或 t_4）用 4 个 A 级 Pt100 (0.1) 热电阻埋设在铜板上来测量；辅助加热器 1 和辅助加热器 2 的热面也分别设置两个辅助 A 级 Pt100 (0.1) 热电阻辅助温度 t_5 和 t_6（埋设在铜板的相应位置上）。其中辅助热电阻 t_5（或 t_6）接到温度巡检仪上，与主加热器中心的主热电阻 t_2（或 t_1）的温度相比较，通过跟踪调节使全部辅助加热器都跟踪与主加热器的温度相一致。而在实验进行时，可以通过热电阻测得热面中心温度 t_1（或 t_2）和冷面中心温度 t_3（或 t_4）测量出一个试件的两个表面的中心温度，也可以再测量一个辅助热电阻的温度，以便与主热电阻的温度相比较，从而了解主辅加热器的控制和跟踪情况。温度是利用万能信号输入 8 路巡检仪测量的，主加热器的电功率可以用直流稳压电源的电压表和电流表来测量。其表达式为

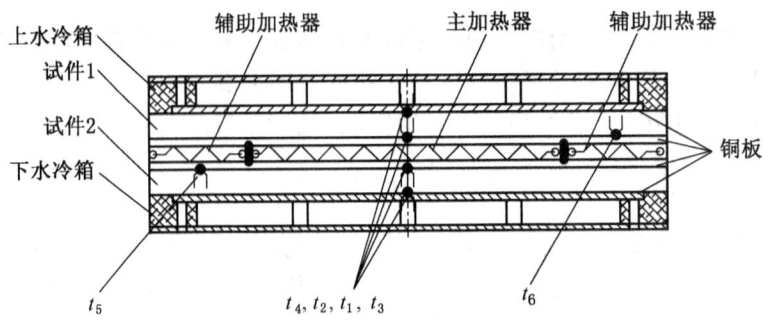

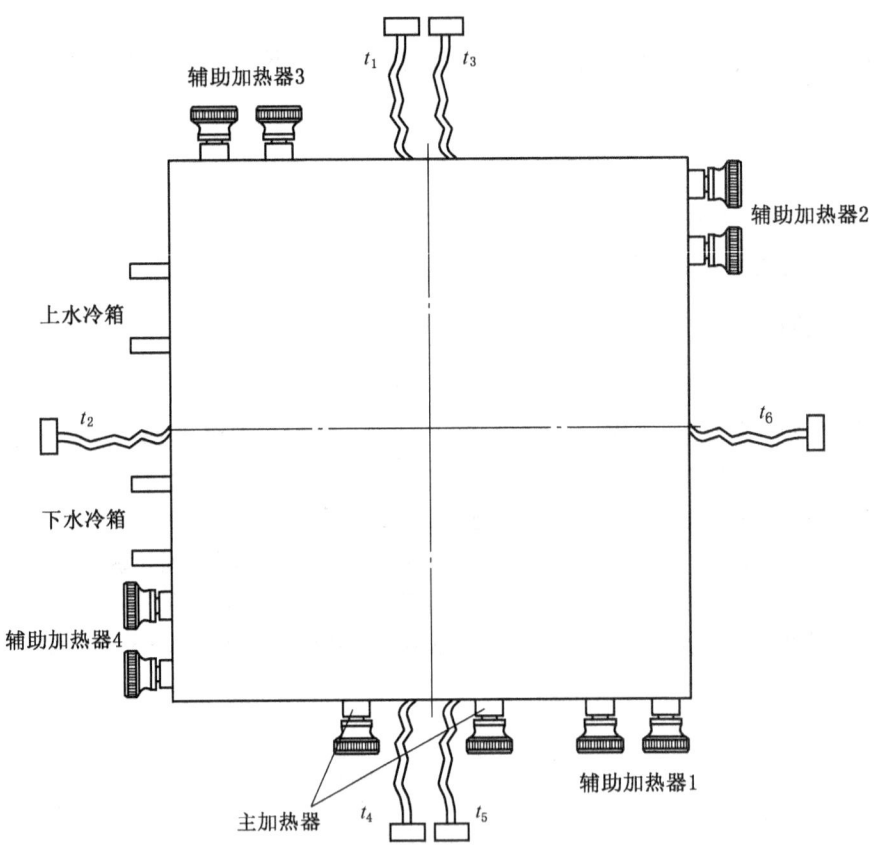

图 2-8 实验台结构示意图

$$Q = IU \tag{2-21}$$

附：实验台主要参数

(1) 实验材料为聚氯乙烯。
(2) 试件外形尺寸为 (300×300) mm²。
(3) 导热计算面积 F 为 (200×200) mm²（即主加热器的面积）。
(4) 试件厚度 δ 约 20 mm（试验时应实测）。

(5) 主加热器电阻值为____Ω（用万用表实测）。
(6) 辅助加热器（每个）电阻值为 4×____Ω（用万用表实测）。
(7) 热电阻为 A 级 Pt100（分辨率 0.1 ℃）。
(8) 试件最高加热温度不高于 80 ℃。
(9) 主加热器电源电压直流为 0~50 V，电流为 0~5 A（可调）。
(10) 辅助加热器电源电压直流为 0~50 V，电流为 0~5 A（可调）。

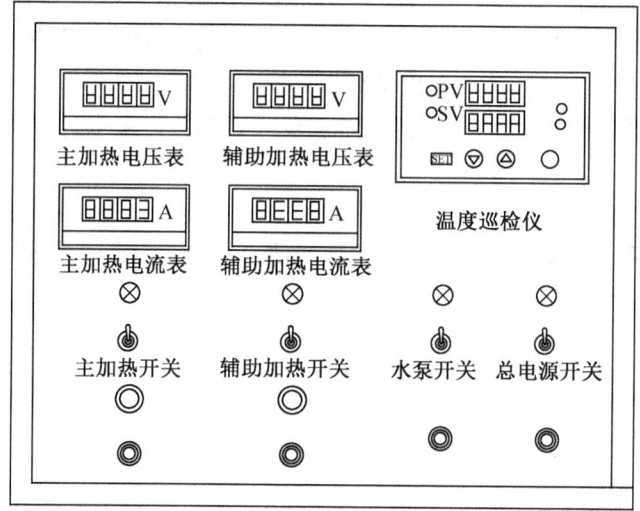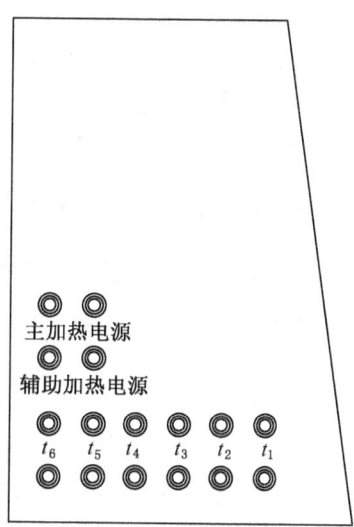

图 2-9 实验台面板电路连接图

四、实验步骤

(1) 将两个平板试件仔细地安装在加热器的上下面，试件表面应与铜板严密接触，不应有空隙存在。在试件、加热器和水套等安装入位后，应在上面加压一定的重物，以使它们都能紧密接触。

(2) 连接和仔细检查各接线电路。将主加热器的两根导线接到仪表箱的主加热器电源接线端子上。两个辅助加热器是经两两并联后再串联组成的串联电路（实验台上已连接好），同样将辅助加热器的两根导线接到仪表箱的辅助加热器电源接线端子上。电压表和电流表（或电功率表）应按要求接入电路。

将测温热电阻 t_1、t_2、t_3、t_4、t_5、t_6 的导线接到配电箱对应的接线端子上。关闭主辅加热电源开关及水泵开关；打开总电源开关，并检查各热电阻信号（温度）是否正常（基本一致）。

(3) 打开水泵开关，检查冷却水水泵及其通路能否正常工作，调节水阀门开度应尽量一致。

(4) 接通主加热器电源，并调节到合适的电压（建议由低至高间隔 5 V 或 10 V 逐渐分段加热）开始加温；然后开启辅助加热电源，开到加温电压与主加热器电压接近，一段时间后观察辅助加热面的温度是否与主加热面的温度一致，然后适当调整辅助加热器的电压来跟踪调整使主辅加热温度一致。在加温过程中，通过各测温点的测量来控制和了解加热情况。开始时，先不启动冷水泵，待试件的热面温度达到一定水平后再启动水泵（或接通自来水），并向上下水套通入冷却水。试验经过一段时间后，试件的热面温度和冷面温度开始趋于稳定。在这个过程中可以适当调节主加热器电源、辅助加热器电源的电压，使其更快或更利于达到稳定状态。待温度基本稳定后，就可以每隔一段时间进行一次电功率（或电压和电流）读数记录和温度测量，从而得到稳定的测试结果。

（5）一个工况试验后，可以将设备调到另一工况，既调节主加热器功率后，再按上述方法进行测试得到另一工况的稳定测试结果。调节的电功率幅度不宜过大，一般在5~10 W为宜。

（6）根据实验要求，进行多次工况的测试（工况以从低温到高温为宜）。

（7）测试结束后，先切断加热器电源，约10 min再关闭水泵（或停放自来水）。

五、实验数据分析与整理

实验数据取实验进入稳定状态后的连续三次稳定结果的平均值。导热量（即主加热器的电功率）为

$$Q = IU \tag{2-22}$$

式中　Q——导热量，W；

　　　I——主加热器的电流值，A；

　　　U——主加热器的电压值，V。

由于设备为双试件型，导热量向上下两个试件（试件1和试件2）传导，所以 $Q_1 = Q_2 = \dfrac{Q}{2} = \dfrac{1}{2}IU$。

试件两面的温差 Δt（单位为℃）为

$$\Delta t = t_R - t_L \tag{2-23}$$

$$t_R = \frac{t_1 + t_2}{2}$$

$$t_L = \frac{t_3 + t_4}{2}$$

式中　t_R——试件的热面温度，℃；

　　　t_L——试件的冷面温度，℃。

平均温度为

$$\bar{t} = \frac{t_R + t_L}{2} \tag{2-24}$$

平均温度为 $\bar{t}$ 时的导热系数为

$$\lambda = \frac{Q\delta}{2(t_R - t_L)F} \quad \left[\text{或} \frac{IU\delta}{2(t_R - t_L)F} \right] \tag{2-25}$$

式中　F——材料的面积，m^2。

将不同平均温度下测定的材料导热系数在 λ-$\bar{t}$ 坐标中得出其的线性关系，并求出 $\lambda = f(\bar{t})$ 的拟合关系式。

第四节 中温辐射黑度测定

一、实验目的

用比较法，定性地测量中温辐射时物体黑度 ε。

二、实验原理

由 n 个物体组成的辐射换热系统中，利用净辐射法，可以求物体 i 的纯换热量 $\Phi_{\text{net}.i}$ 为

$$\Phi_{\text{net}.i} = Q_{\text{abs}.i} - Q_{\text{e}.i} = \alpha_i \sum_{j=1}^{n} \int_{A_j} G_j X_{j,i} \mathrm{d}A_j - \varepsilon_i E_{\text{b}.i} A_i \tag{2-26}$$

本实验系统由 3 个物体构成封闭空腔，根据实验设备情况，可以假设认为：
(1) 传导圆筒（传导体 2）为黑体。
(2) 热源 1、传导圆筒 2 和待测物体 3（受体）表面上的温度均匀（图 2-10）。

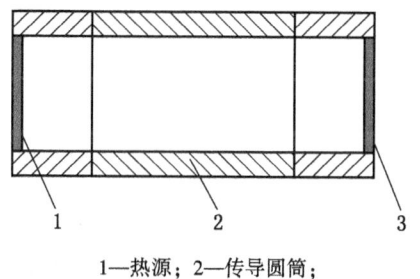

1—热源；2—传导圆筒；
3—待测物体
(a) 辐射体系

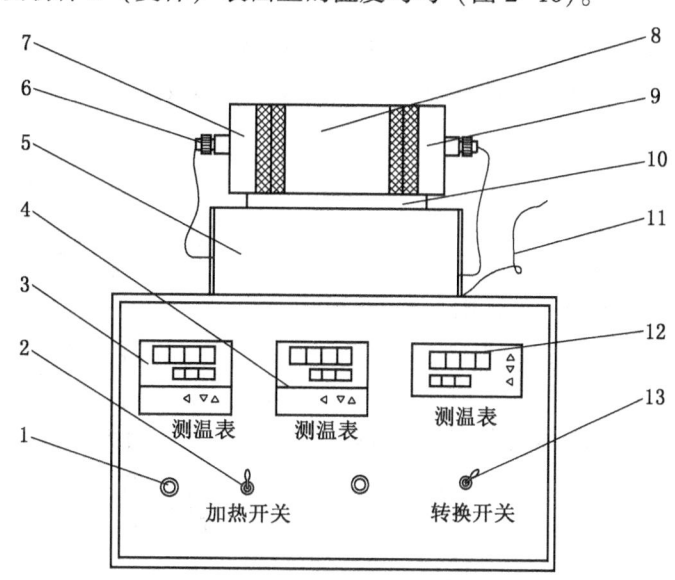

1—加热指示灯；2—加热开关；3—热源测温表；
4—传导体测温表；5—导轨支架；6—接线柱；
7—热源；8—传导体；9—受体；10—导轨；
11—环境温度测温热电偶；12—受体（环境）测温表；13—转换开关
(b) 实验装置示意图

图 2-10 实验系统图

因此，式 (2-26) 可写为

$$\Phi_{\text{net}.3} = \alpha_3 (E_{\text{b}.1} A_1 X_{1.3} + E_{\text{b}.2} A_2 X_{2.3}) - \varepsilon_3 E_{\text{b}.3} A_3$$

因为 $A_1 = A_3$、$\alpha_3 = \varepsilon_3$、$X_{3,2} = X_{1,2}$，又根据角系数的互换性 $A_2 X_{2,3} = A_3 X_{3,2}$，则

$$q_3 = \frac{\Phi_{net.3}}{A_3} = \varepsilon_3(E_{b.1}X_{1.3} + E_{b.2}X_{1.2}) - \varepsilon_3 E_{b.3} \qquad (2-27)$$

$$= \varepsilon_3(E_{b.1}X_{1.3} + E_{b.2}X_{1.2} - E_{b.3})$$

由于受体3与环境主要换热方式为对流换热，因此：

$$q_3 = h_d(t_3 - t_f) \qquad (2-28)$$

由式（2-27）、式（2-28）得

$$\varepsilon_3 = \frac{h_d(t_3 - t_f)}{E_{b1}X_{1.3} + E_{b2}X_{1.2} - E_{b3}} \qquad (2-29)$$

当热源1和黑体圆筒2的表面温度一致时，$E_{b1} = E_{b2}$，并考虑到图2-10a中辐射换热体系，物体1、2、3为封闭系统，则

$$X_{1,3} + X_{1,2} = 1$$

由此，式（2-29）可写为

$$\varepsilon_3 = \frac{h(t_3 - t_f)}{E_{b1} - E_{b3}} = \frac{h(t_3 - t_f)}{\sigma(T_1^4 - T_3^4)} \qquad (2-30)$$

式中 σ_b——斯蒂芬—玻尔兹曼常数，其值为 $5.67 \times 10^{-8} W/(m^2 \cdot k^4)$。

对不同待测物体（受体）a，b的黑度 ε 为

$$\varepsilon_a = \frac{h_a(T_{3a} - T_f)}{\sigma(T_{1a}^4 - T_{3a}^4)}$$

$$\varepsilon_b = \frac{h_b(T_{3b} - T_f)}{\sigma(T_{1b}^4 - T_{3b}^4)}$$

设 $h_a = h_b$，则

$$\frac{\varepsilon_a}{\varepsilon_b} = \frac{T_{3a} - T_f}{T_{3b} - T_f} \cdot \frac{T_{1b}^4 - T_{3b}^4}{T_{1a}^4 - T_{3a}^4} \qquad (2-31)$$

当b为黑体时，$\varepsilon_b \approx 1$，式（2-31）可写为

$$\varepsilon_a = \frac{T_{3a} - T_f}{T_{3b} - T_f} \cdot \frac{T_{1b}^4 - T_{3b}^4}{T_{1a}^4 - T_{3a}^4} \qquad (2-32)$$

三、实验装置

热源腔体具有一个测温电偶，传导腔体有一个热电偶，受体有一个热电偶，环境温度也对应一个热电偶。

四、实验方法和步骤

本实验仪器用比较法定性地测定物体的黑度，具体方法是控制热源和传导体的测量点恒定在同一温度上，然后分别将"待测"（受体为待测物体，具有原来的表面状态）和"黑体"（受体仍为待测物体，但表面熏黑）两种状态的受体在恒温条件下测出受到辐射后的温度，就可按公式计算出待测物体的黑度。

具体实验步骤如下：

（1）热源腔体和受体腔体（使用具有原来表面状态的物体作为受体）靠紧传导体。

(2) 接通电源，调整热源、传导体的调温旋钮，使热源温度在 50~150 ℃ 范围内某一温度，受热约 40 min，通过测温转换开关及测温仪表测试热源、传导体的温度，使两点温度尽量一致。

(3) 系统进入恒温后（各测温点基本接近，且在 5 min 内各点温度波动小于 3 ℃），开始测试受体温度，当受体温度 5 min 内的变化小于 3 ℃ 时，记下一组数据。"待测"受体实验结束。

(4) 取下受体，换为黑体，然后重复以上实验，测得第二组数据。

(5) 将两组数据代入公式即可得出待测物体的黑度 $\varepsilon_{受}$。

五、注意事项

(1) 热源及传导的温度不可超过 160 ℃。

(2) 每次做原始状态实验时，建议用汽油或酒精将待测物体表面擦净，否则试验结果将有较大出入。

六、实验所用计算公式

根据式（2-30），本实验所用计算公式为

$$\frac{\varepsilon_{受}}{\varepsilon_0} = \frac{\Delta T_{受}(T_{源}^4 - T_0^4)}{\Delta T_0(T_{源}^{'4} - T_{受}^4)} \tag{2-33}$$

七、实验数据记录与整理

中温辐射黑度测量实验数据表见表 2-5。

表 2-5 中温辐射黑度测量实验数据表（受体）　　　　　　℃

序号	热源温度	传导体温度	受体温度
1			
2			

第五节　沿程阻力损失实验

一、实验目的

(1) 掌握在稳定均流状态下有压管中水流沿程阻力的变化情况，了解影响沿程阻力系数的因素。

(2) 掌握测定管道沿程水头损失系数 λ 的方法。

二、实验原理

对于通过直径不变的圆管的恒定水流，沿程水头损失为

$$h_f = \left(z_1 + \frac{p_1}{\gamma}\right) - \left(z_2 + \frac{p_2}{\gamma}\right) = \Delta h \quad (2-34)$$

即上下游量测断面的测压计读数差。沿程水头损失也常表达为

$$h_f = \lambda \frac{l}{d} \cdot \frac{v^2}{2g} \quad (2-35)$$

式中　λ——沿程水头损失系数；
　　　l——上下游量测断面之间的管段长度；
　　　d——管道直径；
　　　v——断面平均流速。若在实验中测得断面平均流速，则可直接得到沿程水头损失系数为

$$\lambda = \frac{\Delta h}{\dfrac{l}{d} \cdot \dfrac{v^2}{2g}} \quad (2-36)$$

不同流动形态及流区的水流，其沿程水头损失与断面平均流速的关系是不同的。层流流动中的沿程水头损失与断面平均流速的 1 次方成正比；紊流流动中的沿程水头损失与断面平均流速的 1.75~2.00 次方成正比。

三、实验装置

本实验装置如图 2-11 所示。

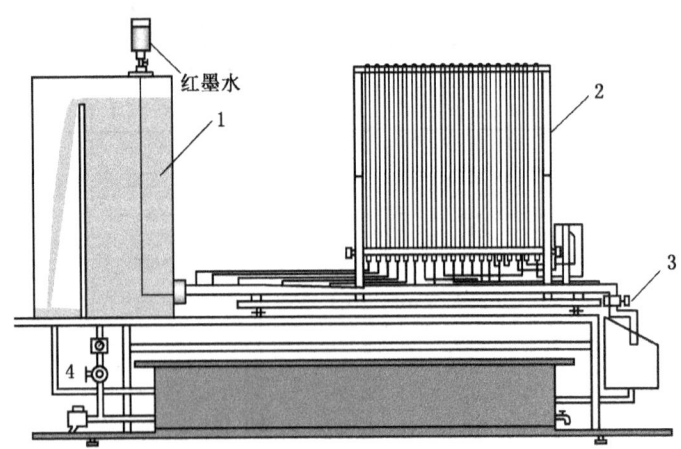

1—稳压水箱；2—测压管簇；3—出水阀；4—进水阀

图 2-11　沿程阻力损失实验装置图

四、实验步骤

(1) 关闭本实验无关的阀门，开启下游相关阀门，将系统内残留的空气排除。关闭下

游阀门，检查全关时各个测压管水面是否处于同一水平面上；如不平，则需重新排气调平。

（2）核对本次实验设备管组编号，用卷尺测量所用设备的断面管径、量测段长度。

（3）开启下游阀门，流量应先放到最大，待水流恒定后观察测管水头的变化。量测流量及相应的水头损失，记录到数据表格上。

（4）减小阀门开度，重复上述步骤，并按序记录数据。流量的调整逐步由大到小，每改变一次流量需要待水流恒定后再进行量测。水流的紊动使测压管的水面有波动，应记录水面的平均值。

（5）检查数据记录表是否有缺漏，是否有某组数据明显不合理，若有此情况进行补正。为了提高实验精度，便于分析整理，实验点尽可能多一些。要求改变流量不少于8次。

（6）在实验开始和结束时分别量测水温，取平均值作为实验水温。

五、实验数据记录与整理

本实验管道的基本参数如下：有机玻璃内径 $d=25$ mm；实验段长度 $L=100$ cm；绝对粗糙度 $\Delta=0.01$ mm；测量水箱底面积，$S_{0大}=(36.5\times23.5)$ cm^2、$S_{0小}=(36.5\times4.5)$ cm^2；水温 $T=$ _____ ℃；运动黏滞系数 $\nu=$ _____。沿程阻力损失量测实验数据记录与整理表见表2-6。

表2-6 沿程阻力损失量测实验数据记录与整理表

测试次数	测压计读数			体积法		计算				
	h_1	h_2	h_f	体积 V/cm^3	时间 t/s	流量 $Q/(\text{m}^3\cdot\text{s}^{-1})$	流速 $v/(\text{m}\cdot\text{s}^{-1})$	雷诺数 R_e	$\lambda_{测}$	$\lambda_{计}$
1										
2										
3										
4										

六、实验结果分析

将实测的数据进行整理，以 v 为纵坐标绘制所测 v-h_f 的关系曲线，并分析不同的区间 h_f 随 v 的变化规律，与已知一般规律进行比较。

七、注意事项

（1）实验时一定要待水流恒定后，才能量测数据。

（2）相互配合协作参加量测实验，读取测压管高程，掌握阀门，测量流量。

（3）实验过程中，爱护仪器设备。实验结束后，将上游阀门关闭。

第六节 局部阻力损失实验

一、实验目的

(1) 用实验方法确定突扩和突缩两种情况的局部阻力系数。

(2) 掌握测定管道局部阻力损失系数的方法,并将突扩管的实测值与理论值比较,将突缩管的实测值与经验值比较。

二、实验原理

根据能量方程,局部水头损失为

$$h_j = \left(z_1 + \frac{p_1}{\gamma}\right) + \frac{av_1^2}{2g} - \left(z_2 + \frac{p_2}{\gamma}\right) - \frac{av_2^2}{2g} \tag{2-37}$$

因边界突变造成的能量损失全部产生在1-1、2-2两断面之间,不再考虑沿程损失。

上游1-1断面应取在因边界的突变,水流结构开始发生变化的渐变流段中;下游2-2断面则取在水流结构调整刚好结束,重新形成渐变流段的地方。总之,两断面既要尽可能接近,又要保证局部水头损失全部产生在两断面之间。经过测量两断面的测管水头差和流经管道的流量,进而推算两断面的速度水头差,就可测得局部水头损失。

局部水头损失系数是局部水头损失折合成速度水头的比例系数,即

$$\xi = \frac{h}{\dfrac{av_1^2}{2g}} \tag{2-38}$$

当上下游断面平均流速不同时,应明确它对应的是哪个速度水头。例如,对于突扩圆管就有 $\xi_1 = \dfrac{h_1}{\dfrac{av_1^2}{2g}}$ 和 $\xi_2 = \dfrac{h_2}{\dfrac{av_1^2}{2g}}$ 之分。通常情况下对应下游的速度水头,局部水头损失系数随流动的雷诺数而变,即 $\xi = f(Re)$。但当雷诺数大到一定程度后,ξ 值成为常数。在工程中使用的表格或经验公式中列出的 ξ 就是指这个范围的数值。局部水头损失的机理复杂,除了突扩圆管的情况以外,一般难于用解析方法确定,而要通过实测来得到各种边界突变情况下的局部水头损失系数。对于突扩圆管,取1-1、2-2两断面(图2-12),两断面面积都为 A_2,而 v_1 和 v_2 则分别为细管和粗管中的平均流速。

根据动量方程可知:

$$(p_1 + \gamma z_1)A_2 - (p_2 + \gamma z_2)A_2 = \rho Q(\alpha_{02}v_2 - \alpha_{01}v_1) \tag{2-39}$$

所以

$$\left(z_1 + \frac{p_1}{\gamma}\right) - \left(z_2 + \frac{p_2}{\gamma}\right) = \frac{v_2(\alpha_{02}v_2 - \alpha_{01}v_1)}{g} \tag{2-40}$$

将其代入式(2-37),得

$$h_j = \frac{v_2(\alpha_{02}v_2 - \alpha_{01}v_1)}{g} + \frac{\alpha_1 v_1^2 - \alpha_2 v_2^2}{2g} \tag{2-41}$$

取 α_1、α_2、α_{01}、α_{02} 的值均为 1.0，则

$$h_j = \frac{v_1^2 - v_2^2}{2g} = \left(\frac{A_2}{A_1} - 1\right)^2 \frac{v_1^2}{2g} = \xi_2 \frac{v_1^2}{2g} \tag{2-42}$$

或

$$h_j = \frac{v_1^2 - v_2^2}{2g} = \left(\frac{A_2}{A_1} - 1\right)^2 \frac{v_2^2}{2g} = \xi_2 \frac{v_2^2}{2g} \tag{2-43}$$

可见：

$$\xi_1 = \left(1 - \frac{A_1}{A_2}\right)^2 \qquad \xi_2 = \left(\frac{A_1}{A_2} - 1\right)^2$$

其他各种弯管、截门、闸阀等的局部水头损失系数可查表或由经验公式获得。

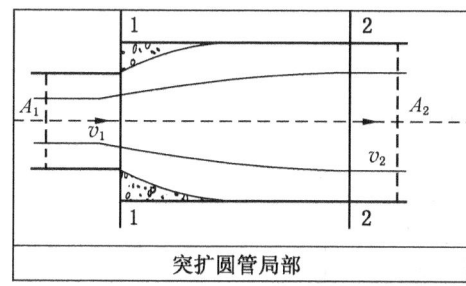
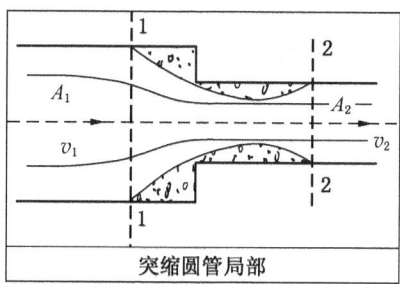

图 2-12 突扩和突缩圆管局部示意图

三、实验设备

循环水力工作台、秒表、测压计。

四、实验步骤

（1）先用测压管量测压强和用体积法（手工、自动）量测流量的原理，流量 Q 体积法是在 Δt 时间内流入计量水箱中流体的体积 ΔV。

（2）关闭无关管路的阀门，打开相关的阀门。启动抽水机，打开进水开关，使稳压水箱充水，并保持溢流状态使水位恒定。

（3）检查下游阀门全关时，各个测压管水面是否处于同一水平面上。如不平，则需排气调平。核对设备编号，确认数据记录表上列出的断面管径等数据。

（4）开启下游阀门，待水流恒定后观察测管阻力的变化，正确选择实验配件前后的量测断面进行数据的量测，并记录到数据记录表。

（5）改变阀门开度，待水流恒定后，重复上述步骤，并按序记录数据。本实验要求做 3 个流量。

（6）计算整理实验结果，得出各实验配件局部阻力损失系数实测值，并同时列出突扩管局部阻力损失系数的理论值和突缩管的经验值。

（7）对实验结果进行分析讨论。

五、实验数据记录与整理

记录有关数据：

实验台号_____；$D_1 = \underline{1.9}$ cm；$D_2 = \underline{3.5}$ cm。

突扩管：$\xi_1 = $_____；$\xi_2 = $_____。

突缩管：$\xi = $_____。局部阻力损失量测实验数据记录填入表2-7。

表2-7 局部阻力损失量测实验数据记录表

次数	流量 $Q/(\text{cm}^3 \cdot \text{s}^{-1})$			测压管读数 ∇/cm			
	体积	时间	流量	1	2	3	4
1							
2							
3							
4							

六、实验结果

局部水头损失量测实验计算值填入表2-8。

表2-8 局部水头损失量测实验计算表

次数	阻力形式	流量 $Q/(\text{cm}^3 \cdot \text{s}^{-1})$	前断面 $\dfrac{v_1^2}{2g}$/cm	后断面 $\dfrac{v_2^2}{2g}$/cm	h_j/cm	ξ
1						
2	突然扩大					
3						
4						
1						
2	突然缩小					
3						
4						

七、注意事项

（1）每次改变流量，量测必须在水流恒定后方可进行。

（2）两个以上同学参加量测实验，测量数据的同学要相互配合。

（3）实验结束后，关闭电源开关、拔掉电源插头。

第七节 能量方程（伯努利方程）实验

一、实验目的

（1）观察恒定流条件下，通过管道水流的位置势能、压强势能和动能的沿程转化规律，加深理解能量方程的物理意义及几何意义。

(2) 学习用毕托管和体积法测量流速的技能。
(3) 学习使用测压管、总压管测水头的实验技能及绘制水头线的方法。
(4) 验证流体定常流的伯努利方程。

二、实验原理

(1) 理想流体的运动方程（欧拉方程）在恒定流，质量力仅有重力，流体不可压条件下有伯努利积分：$z + \dfrac{p}{\gamma} + \dfrac{u^2}{2g} = \text{const}$（沿流线）。

(2) 伯努利积分的物理意义是：对于不可压理想流体的恒定流动，总水头（位置水头、压强水头和速度水头之和）或单位重量液体的总机械能（位置势能、压强势能和动能之和）沿流线是保持不变的。

(3) 伯努利积分可直接运用于重力场中理想、不可压流体恒定元流的1-1和2-2两个断面上，总水头相等，即 $z_1 + \dfrac{p_1}{\gamma} + \dfrac{u_1^2}{2g} = z_2 + \dfrac{p_2}{\gamma} + \dfrac{u_2^2}{2g}$。

(4) 毕托管利用测压管和总压管（测速管）测得总水头和测管水头之差——速度水头，可用来测量流场中某点的流速，即 $u = \sqrt{2g\Delta h}$。

(5) 在渐变流的过水断面上，惯性力的分量为零，质量力与压差力的分量在此平面上相互平衡，所以渐变流的过水断面上压强分布规律与静水中是一样的，即测管水头为常数。

(6) 理想、不可压流体恒定总流的能量方程为

$$z_1 + \dfrac{p_1}{\gamma} + \dfrac{\alpha_1 v_1^2}{2g} = z_2 + \dfrac{p_2}{\gamma} + \dfrac{\alpha_2 v_2^2}{2g} \tag{2-44}$$

其中，1-1、2-2两个断面应处于渐变流段中，α_1、α_2 分别是两断面的动能修正系数。若考虑实际（黏性）流体流动时的能量损失，则

$$z_1 + \dfrac{p_1}{\gamma} + \dfrac{\alpha_1 v_1^2}{2g} = z_2 + \dfrac{p_2}{\gamma} + \dfrac{\alpha_2 v_2^2}{2g} + h_{1-2} \tag{2-45}$$

1-1断面是上游断面，2-2断面是下游断面，h_{1-2} 为1-1、2-2两断面之间单位重量流体的能量损失，包括沿程和局部损失（图2-13）。

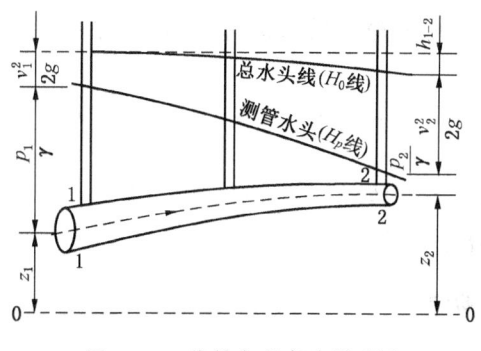

图2-13 能量方程实验原理图

(7) 定常总流能量方程的各项都是长度量纲，所以可将它们沿程变化的情况几何表示

出来（称为水头线），可分别画出测管水头线和总水头线。

三、实验装置

能量方程实验装置如图2-14所示，在自循环恒定管道流上串联变截面圆管和弯管。在 A、B、C、D 4 个断面管壁上的不同位置各接出 4 个毕托管，其中的测压管接在管壁上，总压管迎着来流方向放置在管轴处。管中流速可用尾阀来调节，设置专用量水箱进行流量的量测。

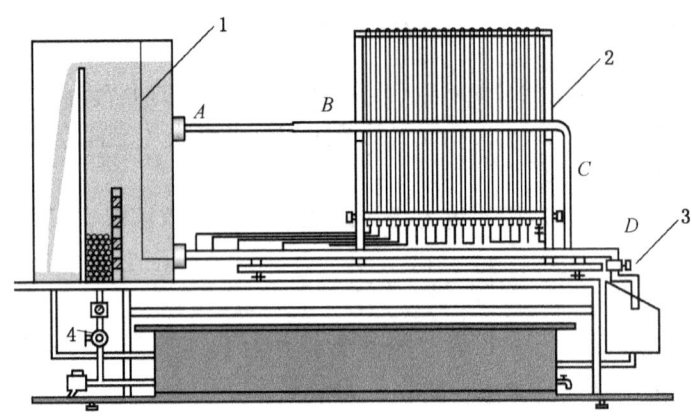

1—稳压水箱；2—测压管簇；3—出水阀；4—进水阀

图 2-14 能量方程实验装置图

四、实验步骤

（1）认真阅读实验目的要求、实验原理和注意事项。查阅用测压管量测压强、毕托管测流速的原理和步骤。

（2）对照实物了解仪器设备的使用方法和操作步骤，做好准备工作后，启动抽水机，打开进水开关给水箱充水，并保持溢流状态使水位恒定。

（3）检查下游阀门全关时，各个测压管和总压管的液面是否处于同一水平面上。如不平，则需排气调平。

（4）核对设备编号，记录有关常数。

（5）开启下游阀门，待水流恒定后再进行数据的量测，并记录到数据记录表的相应位置。

（6）改变阀门开度，待水流恒定后，重复上述步骤，并按序记录数据。本实验要求做两个流量。

（7）检查数据记录表是否有缺漏，是否有数据明显不合理，若有此情况进行补正。

（8）根据量测数据绘出水头线。

五、实验数据记录与整理

有关常数：水箱断面积，$S_{0大} = (36.5 \times 23.5) \text{ cm}^2$、$S_{0小} = (36.5 \times 4.5) \text{ cm}^2$；管道直径，$d_A = 19$ mm、$d_B = 30$ mm、$d_C = 25$ mm、$d_D = 19$ mm。能量方程实验数据记录与处理表见表2-9、表2-10。

表2-9　能量方程实验数据记录表

开度	∇_A/mm	∇'_A/mm	∇_B/mm	∇'_B/mm	∇_C/mm	∇'_C/mm	∇_D/mm	∇'_D/mm	时间 t/s	深度 h/mm
1										
2										
3										
4										
5										

表2-10　能量方程实验数据处理表

开度	断面	各断面数据计算			
		平均流速 v/(mm·s^{-1})	毕托管测点流速 u/(mm·s^{-1})	测压管水头 $z+\dfrac{p}{\gamma}$/mm	总压管水头 $z+\dfrac{p}{\gamma}+\dfrac{\alpha v^2}{2g}$/mm
1	A				
	B				
	C				
	D				
2	A				
	B				
	C				
	D				

六、实验结果

（1）计算 A、B、C、D 4个断面的平均流速和毕托管测点流速。
（2）绘制测压管水头线和总水头线

七、注意事项

（1）尾阀开启一定要缓慢，并注意测压管中水位的变化，不要使测压管水面下降太多，以免空气倒吸入管路系统，影响实验进行。
（2）每次改变流量，量测必须在水流恒定后方可进行。
（3）流速较大时，测管水面会有脉动现象，读数时要读取平均值。
（4）实验结束后，关闭电源开关、拔掉电源插头。

第八节　热电偶的制作与标定

一、实验目的

（1）了解及掌握热电偶的测温原理。

(2) 了解及掌握热电偶的制作方法，并掌握检测热电偶外观的方法。
(3) 掌握工业用热点偶的标定方法及实验数据的处理方法。
(4) 学会常用热电偶分度表的使用。

二、实验原理

1. 热电偶的测温原理

热电偶是工业上最常用的一种测温元件，它是由两种不同的导体（或半导体）A 和 B 连接组成一个闭合回路，如图 2-15 所示。

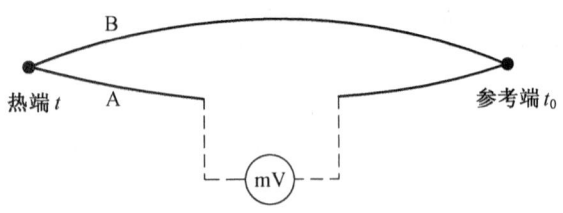

图 2-15　电热偶测温原理图

A、B 称为热偶丝，也称热电极。当两接点温度不同时，回路中就会产生热电动势，此现象称为热电效应。该热电势就是著名的塞贝克（Seebeck）温差电动势，简称热电动势。实验表明热电动势 E 与两接点的温度差 Δt 之间有一定的函数关系。如果其中一个接点 t_0 的温度保持恒定时，则温差电动势只与另一接点的温度 t 有关，即 $E=f(t)$。因此，通常要求热电偶的一端处于温度 t_0 保持恒定环境中，称为参考端、自由端或冷端。而放置在被测介质中的另一端，称为测量端、工作端或热端。这样，通过测量回路中的电动势就可以直接得到另一端的温度值。

2. 热电势的测量原理

在热电偶回路中，广泛采用电位差计来测量回路中的热电势 E。电位差计的工作原理是根据平衡法将被测电势与已知的标准电势相比较，当两者的差为零时，被测电势就等于已知的标准电势。

图 2-16 所示给出了电位差计测量电动势的原理线路图，该线路图包括 3 个回路：工作电流回路（由工作电压 E、可变电阻 R_J 和标准电阻 R_P 和 R 组成）、测量回路（由热电偶、检流计 G 和标准电阻 R 组成）、校正工作电流回路（由标准电池 E_P、标准电阻 R_P 和检流计 G 组成）。

使用之前，先将开关接入"1"端，校正工作电流回路接通，通过调节可变电阻 R_J 来改变工作电流 I 的大小，直到 $E_P=IR_P$，即标准电池的电动势与标准电阻上的压降相等，此时检流计 G 的电流为零，即校正工作电流回路中的电流为零。工作电流回路中的电流为

$$I=\frac{E_P}{R_P} \tag{2-46}$$

然后将开关接入"2"端，测量回路接通。通过调节标准电阻 R 使检流计的电流读数为零，即测量回路中标准电阻 R_{AB} 的压降等于热电偶的电动势 E，即

$$E = IR_{AB} = \frac{E_P}{R_P}R_{AB} \tag{2-47}$$

其中，标准电池的电势 E_P 和标准电阻 R_P、R_{AB} 的精度都很高，则测量得到的电动势测量值也有很高的精度。

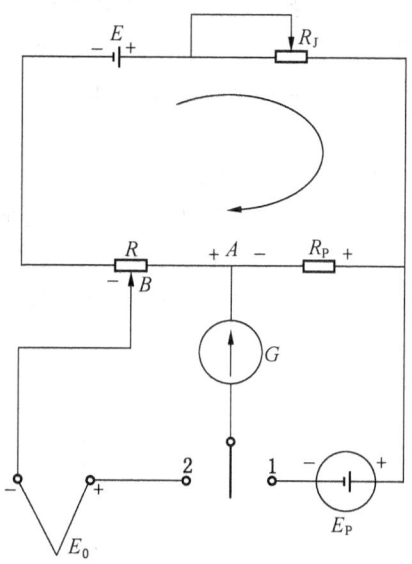

图 2-16 电位差计的原理线路图

三、实验装置

（1）焊接设备：热电偶焊接仪、镍铬丝、康铜丝。

（2）标定设备：热电偶校验仪（包括仪表控制箱和管式电炉，图 2-17）、冰瓶、YJ108B 型数字电位差计。

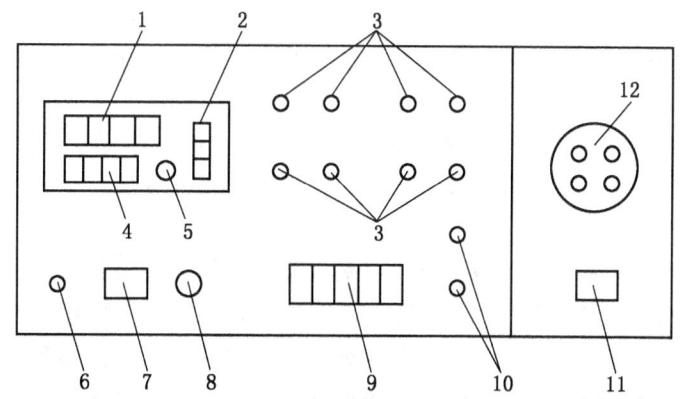

1—温度指示；2—温度调节按钮；3—热电偶接线柱；4—温度设定值；
5—设置按钮；6—保险丝；7—电源开关；8—电源指示灯；9—测量转换按钮；
10—电位差计接线柱；11—管式电炉开关；12—热电偶均热体

图 2-17 热电偶校验仪面板排列图

四、实验方法与步骤

1. 热电偶的制作

热电偶测量端的焊接方法很多,如电弧焊、盐浴焊接、盐水焊接等方法。热电偶丝的长度根据使用要求确定,焊接前用砂纸将热偶丝靠近焊接端头的绝缘层磨掉,使其洁净光亮。然后将这两根被焊的热电极顶端对齐绞成麻花状,绞缠圈数不宜过多。

实验室常用的两种焊接方法是电弧焊法和盐水焊接法。

1) 电弧焊法

电弧焊是利用高温电弧将热电偶测量端熔化成球状。常用的有交流电弧焊和直流电弧焊两种。交流电弧焊接法如图 2-18 所示,这种接法一般用来焊接金属热电偶。焊接时,调节调压器使输出电压为 20 V 左右。两根炭棒水平放在工作台上,中间留有间隙,将待焊的热电偶端头放在炭棒中间,当两根炭棒向热电偶缓缓靠近时,产生的瞬间电弧将两根热电极顶部熔接在一起而形成一个小圆球。

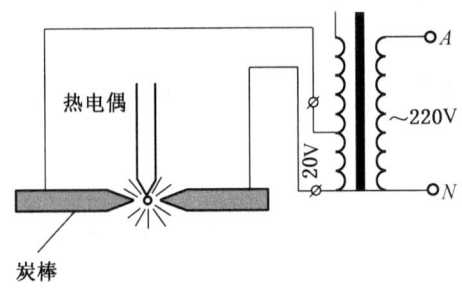

图 2-18 交流电弧焊接法

2) 盐水焊接法

在烧杯中装入 NaCl 溶液,将在 NaCl 溶液不电解的金属放入溶液中作一电极,而热电极作为另一电极。将电压调到合适数值,用带绝缘手柄的夹子夹住热电极,将热电偶测量端与溶液稍接触,接通电源,看到橘黄色的电弧并听到"嘶"的一声时将热电偶取出,关掉电源。

合格的热电偶标准是:焊接牢固,具有金属光泽,结点表面圆滑,无玷污变质和裂纹,焊点直径约为热电极的两倍,电极不允许有折损、扭曲现象。

2. 热电偶的标定

热电偶是利用热电势与温度的函数关系来测温的。因此,每只热电偶使用时,必须标定其热电势与温度的对应关系。标定一般使用电位差计来测量热电偶的热电势,而温度则通过与被标定的热电偶处于相同温度场中的标准热电偶获得。本实验装置是采用在同一温度场条件下直接比较法进行测温,以标准热电偶(温度计或经过计量部门标定的热电偶)作为标准,来标定和检验被测热电偶。

热电偶校验原理图如图 2-19 所示。标定热电偶时,应使热电偶的参考端保持 0 ℃,将热电偶的测量端和标准热电偶(或温度计)同时放入恒温温度场中。调节温度场的温度,当温度达到设定值且稳定后,从标准热电偶(或温度计)读出它的数值,同时测量出该温度下各个热电偶输出的热电势（误差较大热电偶应剔除或重新焊接后标定）。不断地改变温度场设定的温度值，并记录对应温度下热电偶的热电势，通过以上步骤，即可得到一组温度与热电偶的热电势相对应的数据，曲线拟合就可得出热电偶输出的热电势与温度之间的函数关系。标定点温度应根据所测点的温度范围来确定。

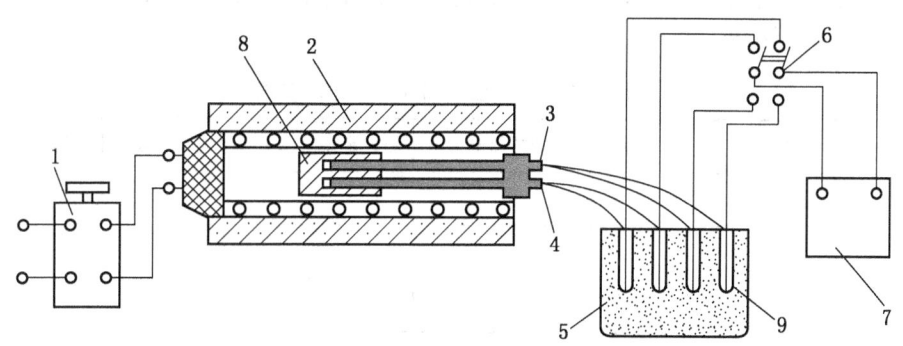

1—调节变压器；2—管式电炉；3—标准热电偶；4—被标定热电偶；5—冰点槽；6—转换开关；7—电位差计；8—均热体；9—试管

图 2-19　热电偶校验原理图

3. 热电偶的校验

（1）将热电偶校验仪的电源线插入带接地的单相三线插座，按下电源开关后电源指示灯亮；按一下温度设置按钮，通过温度调节按钮使温度设定值显示所需温度值，即可用管式电炉加温。

（2）将电位差计的电源线插入 220 V、50 Hz 的插座后，接通电源。打开电位差计的电源开关，在此之前电位差计的输入或输出端不应接被检或被测仪表。开机后，电位差计的初始状态为"输入/输出"处于输入状态，"量程"为 2000 mV，"mV/℃"处于 mV 状态，预热 0.5 h 后仪表即可获得符合精度的应用。调节粗、细电位器即可获得所需量值的稳定电压。在 200 mV、2 V 挡使用时少许预热，即可获得符合精度要求的电压输出。在 20 mV、75 mV 挡量程使用时应有 15 min 预热时间，并在使用前调零。

按键开关置"调零"，量程开关会自动选择 20 mV 挡，调节调零电位器使数字显示为零。"调零"只能在 mV 输入方式时才起作用，否则显示"Error"。注意：在使用过程中，调零电位器不能转动，否则将影响输入或输出值的精度。

（3）将均热体放在炉膛中心位置，标准热电偶与被标定热电偶插入均热体中，并分别将连线与仪表箱上的热电偶接线柱相连接，然后将电位差计用连线与仪表上的电位差计接线柱相连接（注意：红线为"+"）。

（4）注意观察热电偶校验仪面板上温度指示值的变化，当温度值基本稳定在所需温度时迅速进行测量，通过测量转换按钮，在电位差计上读出各热电偶的热电势值，记录在实验数据表中。

（5）再次设定温度值，重复步骤（4），得到不同温度时的测量数据。

五、实验数据记录与整理

在实验过程中,将待标定热电偶的热电势和标准热电偶的热电势,以及查对应热电偶分度表得出测量端的温度值,填入表2-11中。根据实验数据绘制标准热电偶和被标定的热电偶的热电势 E 与温度 t 的关系图,并绘制被标定热电偶的 E-t 关系图。根据实验数据曲线拟合出 E-t 的函数关系式。

表2-11 热电偶实验数据原始记录及整理表　　　　　　　　　mV

序号	测量端温度	标准热电偶的热电势	被标定热电偶1的热电势	被标定热电偶2的热电势
1				
2				
3				

六、实验报告编写

(1) 简述实验原理及过程。
(2) 各种数据的原始记录及整理结果。
(3) 绘制被标定热电偶的 E-t 关系图,并拟合得出热电势与温度的函数关系式。
(4) 实验收获及改进意见。

第九节　室内气象参数的测定

空气调节的任务一般是在某一特定的空间(或房间)内,对空气温度、湿度、空气流动速度及空气清洁度进行人工调节,以满足人体舒适和工艺生产过程的要求。室内气象参数的测定就是对上述"四度"的测定。

一、实验目的

(1) 了解测量室内气象各参数时常用的仪器仪表,掌握通风空调工程常用仪表的基本原理和使用方法。
(2) 学习室内气象参数的测定方法。通风空调工程常用仪表通常包括测定空气温度、相对湿度、空气流动速度及大气压等参数的测试仪表。

二、实验原理

本实验中室内空气温度和相对湿度测量原理见第一章,下面介绍流速、流量及大气压力的测量原理。

(一) 流速、流量测量原理

1. 热球风速仪工作原理

热球风速仪的原理图如图2-20所示。其主要由两个独立电路组成:一个是供给发热体恒定电流的回路;另一个是测量发热体温度的回路。发热体是一个金属线圈或金属薄膜，发热体的温度采用铜-康铜热电偶测量，将二者封入一体积很小的玻璃球内，装在测杆头部，该玻璃球即是测量风速的传感器。使用热球风速仪测量风速时，应首先通过调节电阻 R 使电热线圈的温度恒定，则发热体产生的热量是一定值，然后将发热体放置在被测气流中，被测气流风速越大，发热体散失热量越多，发热体的温度降低；反之，发热体的温度升高。玻璃球体积很小（直径约为0.8 mm），可以认为电热线圈与玻璃球的温度是相同的，热电偶产生热电势相对应的热电流通过微安表指示出来。

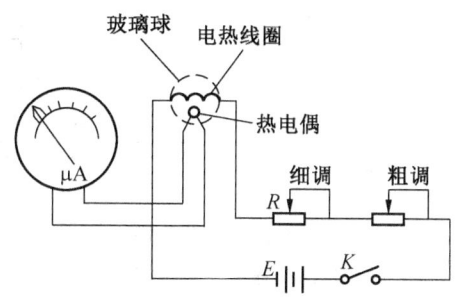

图 2-20　热球风速仪原理图

热球风速仪操作简单，灵敏度高，反应速度快。QDF-6 数字式风速仪：测量范围为 0.05~30 m/s；测量精度不大于 3%（满量程）；反应时间不大于 3 s；分辨率为 0.01 m/s。

2. 热线风速仪工作原理

热线风速仪是利用通电的热线探头在流场中的散热损失来测量气流流速的。如果流过热线的电流为 I_w，热线的电阻为 R_w，则热线产生的热量为

$$Q_1 = I_w^2 R_w \tag{2-48}$$

当热线探头置于流场中时，流体对热线有冷却作用。忽略热线的导热损失和辐射损失，可以认为热线是在强迫对流换热状态下工作的。根据牛顿公式，热线散失的热量为

$$Q_2 = hF(t_w - t_f) \tag{2-49}$$

式中　h——热线的表面传热系数，W/(m²·K)；

F——热线的传热表面积，m²；

t_w——热线温度，℃；

t_f——流体温度，℃。

在热平衡条件下，有 $Q_1 = Q_2$，即热线的能量守恒方程式为

$$I_w^2 R_w = hF(t_w - t_f) \tag{2-50}$$

式中　R_w——热线温度 t_w 的函数。

其中，对于一定的热线探头和流体条件，h 主要与流体的运动速度有关；在 t_f 一定的条件下，流体的速度只是电流和热线温度的函数，即

$$u = f(t_w, I_w) \tag{2-51}$$

只要固定 I_w 和 t_w 中的任一个，就可得到流速 u 与另一参数的单值函数关系。

(二）大气压力测量原理

常用的大气压测量仪表有水银气压计和空盒气压计。本实验采用空盒气压计测量，空盒气压计由一个波纹状金属真空盒和一套杠杆机构组成，指针式空盒气压计如图 2-21 所示。

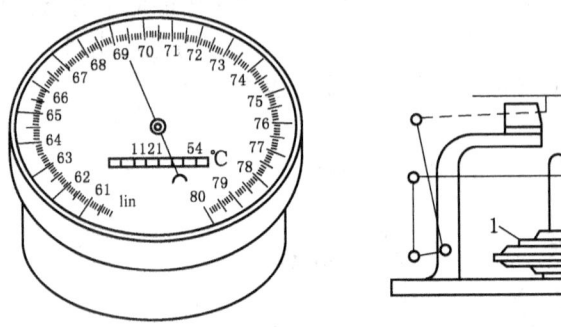

1—金属盒；2—弹簧；3—指针
图 2-21 指针式空盒气压计

大气压变化时盒面变形值经杠杆机构放大，带动盒面指针转动指出大气压值。数字式空盒气压计则将模拟信号经一系列转换处理变为数字信号，由数字显示器显示其数值。BY-2003P 空盒大气压表：量程范围为 80~110 kPa；精度为 0.5% FS；显示分辨率为 0.1 kPa；工作温度为 5~50 ℃。

三、实验步骤

一般情况下，室内气象参数测定应根据设计要求确定工作区，在工作区内布置测点。工作区指人经常活动的区域及工作面，即区域高度 2 m 以下，工作面为距地面 0.5~1.5 m 的范围。测点沿房间横断面在 2 m 以下选择若干断面按等面积法（1 m²）设点。

（1）室内温度的测量：用玻璃管水银温度计、干湿球温度计的干球温度计及 KANOMAX 热线风速仪 6112 测量。在室内选 5 个测点进行测量，每个测点测量 3 次，将测得值记入温度数据记录及整理表中，见表 2-12。

（2）空气湿度的测量：用普通干湿球温度计测量室内空气的相对湿度，测点布置及测量次数同温度的测量，并将测得值记入湿度数据记录及整理表中，见表 2-13。

（3）空气流速的测量：用热球风速仪和热线风速仪测量空气流速。

①室内空气流速的测量：在距地面 1 m、1.5 m 和 2 m 高度上分别布置一个测点，测量室内空气的流速，每个测点测量 3 次，将测量值记入室内风速数据记录及整理表中，见表 2-14。

②空调送风口空气流速的测量：将送风口划分为若干个面积相等的小矩形，小矩形每边长度为 200 mm 左右，在小矩形的中心布置测点，用风速仪测量每个测点的风速，将测量值记入送风口处风速数据记录及整理表中，见表 2-15。

（4）大气压的测量：用 BY-2003P 空盒大气压表测量大气压，并将测量数据记入室内大气压数据记录及整理表中，见表 2-16。

表 2-12 温度数据记录及整理表

测点布置	玻璃管水银温度计				干球温度计				热线风速仪			
实验次数	1	2	3	平均值	1	2	3	平均值	1	2	3	平均值
测点 1												
测点 2												
测点 3												
测点 4												
测点 5												

表 2-13 湿度数据记录及整理表

测点布置	实 验 次 数									相对湿度平均值
	1			2			3			
测量项目	干球温度	湿球温度	相对湿度	干球温度	湿球温度	相对湿度	干球温度	湿球温度	相对湿度	
测点 1										
测点 2										
测点 3										
测点 4										
测点 5										

表 2-14 室内风速数据记录及整理表

测点布置	热球风速仪				热线风速仪			
实验次数	1	2	3	平均值	1	2	3	平均值
测点 1								
测点 2								
测点 3								

表 2-15 送风口处风速数据记录及整理表

测点布置	热球风速仪				热线风速仪			
实验次数	1	2	3	平均值	1	2	3	平均值
测点 1								
测点 2								
测点 3								
测点 4								

表 2-16 室内大气压数据记录及整理表

项目	实验次数				平均值
	1	2	3	4	
大气压					

四、实验数据记录与整理

取各测点参数的算术平均值为测量结果,并将结果写入表 2-12~表 2-16 中。

五、实验报告编写

(1) 简述室内气象参数常用仪表的工作原理。
(2) 列出室内气象参数实验数据的原始记录及处理结果,列入相应表中。
(3) 根据测量结果评价室内气象参数。

第十节 表面式空气冷却器热工性能测定

一、实验目的

(1) 了解本实验装置是如何保证被测换热器所要求的进风参数。
(2) 熟悉用取样的方法来测定管内湿空气的干、湿球温度。
(3) 掌握用喷嘴装置来测定风管内空气流量。
(4) 通过测试计算出被测换热器空气侧及水侧的供冷量,并求出其平均供冷量与热平衡偏差。

二、实验装置

如图 2-22 所示,本实验装置由风路系统、水路系统、电气系统以及计算机辅助测试系统 4 部分所组成。

1. 风路系统

风路系统主要包括空气预处理设备、空气流量测量装置、消声整流装置、被测换热器、风管风阀及空气取样装置等。

空气流量测量装置设置在风机段出口与被测换热器之间,用来测量通过被测换热器的风量。该段装置共装有 3 只喉部直径为 150 mm 的喷嘴,最大测试风量为 6676 m³/h,每只喷嘴的测量范围是 954~2225 m³/h,使用时应根据测试风量大小确定喷嘴个数,使通过喷嘴喉部的空气流速控制在 15~35 m/s 之间。

被测换热器为六排管铜管套铝箔结构,片距为 3.2 mm,迎风面尺寸为 608 mm×608 mm,传热面积为 35.1 m²,铜管规格为 $\phi 16\times 0.45$ mm,每排铜管共 16 根。

2. 水路系统

水路系统主要包括换热器水系统和冷冻水系统、冷却水系统3个部分。

换热器水系统主要包括冷水箱、换热器泵、涡轮流量传感器、被测换热器、水管阀门等。

冷却水系统主要包括冷却塔、冷却水泵、玻璃转子流量计及管道阀门等。

3. 电气系统

电气系统主要包括交流变频器、电控柜、高精度温度传感器及PID数显调节仪等。

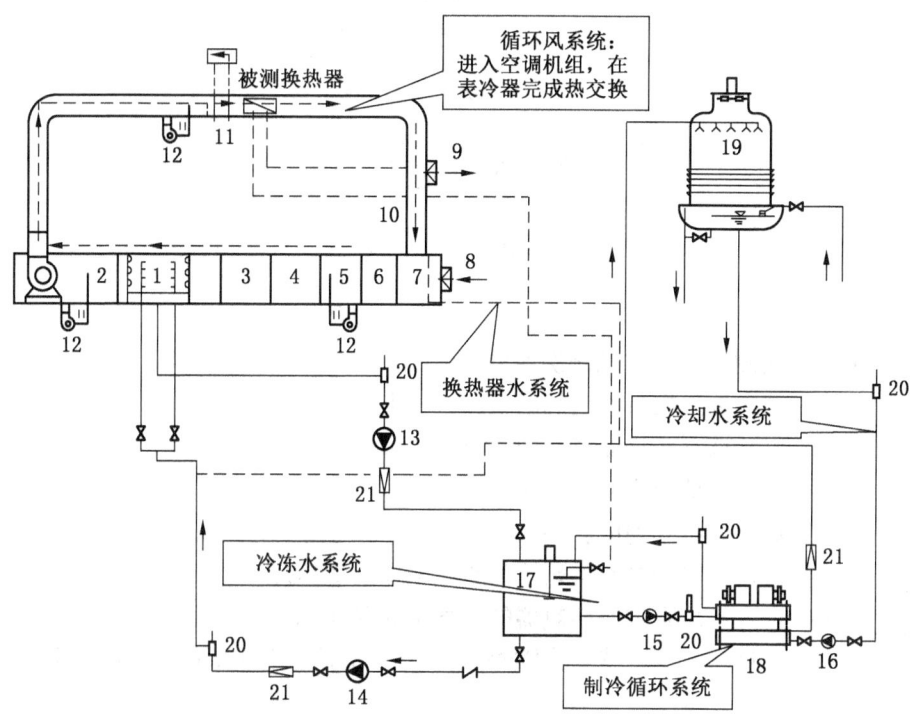

1—淋水室；2—二次加热段；3—中间段；4—表冷段；5—中间段；6—一次加热段；
7—新回风加湿段；8—新风阀；9—排风阀；10—回风阀；11—风量测量段；
12—取样风机；13—喷淋回水泵；14—表冷（喷淋）泵；15—冷冻水循环泵；
16—冷却水循环泵；17—冷水箱；18—冷水机组；19—冷却塔；20—温度传感器；21—流量计

图 2-22 空气冷却器热工性能测定实验装置图

三、实验原理

用焓差法原理，根据实验工况（被测换热器的进、出风温度）在焓湿图上查出两个工况点的焓值差；然后利用传热公式计算被测换热器的空气侧换热量和水侧换热量，进而计算热平衡偏差。基于测试仪表采集数据进行计算。

1. 被测换热器水侧供冷量计算

$$Q_W = G_W C_{PW}(t_{W2} - t_{W1}) \tag{2-52}$$

式中 Q_W——被测换热器水侧供冷量，W；

G_W——通过被侧换热器冷水平均流量，kg/s；

C_{PW}——水的定压比热，J/(kg·℃)；

t_{W1}、t_{W2}——进入和离开被测换热器的冷水温度，℃。

2. 被测换热器空气侧供冷量计算

$$\begin{cases} Q_a = \dfrac{L_n \times \rho_n}{1+d_n} \times (i_1 - i_2) \\ i_1 = 1010 t_{1g} + d_1(2501 + 1.84 t_{1g}) \\ i_2 = 1010 t_{2g} + d_2(2501 + 1.84 t_{2g}) \\ L_n = C_n N A_n \sqrt{2\Delta P_n / \rho_n} \\ \rho_n = \dfrac{P_n(1+d_n)}{461 T_n(0.622 + d_n)} \\ d_n = 0.622 \dfrac{P_q}{P_n - P_q} \\ P_q = P_{q \cdot b} - A(t_g - t_s) P_n \end{cases} \quad (2-53)$$

式中　Q_a——被测换热器空气侧供冷量，W；

i_1——进入被测换热器空气的焓值，kJ/kg；

i_2——离开被测换热器空气的焓值，kJ/kg；

L_n——通过喷嘴装置的空气流量，m³/s；

ρ_n——喷嘴处空气密度，kg/m³；

t_{1g}、t_{2g}——进入和离开被测换热器的空气干球温度，℃；

t_{1s}、t_{2s}——进入和离开被测换热器的空气湿球温度，℃；

C_n——喷嘴的流量系统，当喷嘴直径大于或等于125 mm时（喷嘴直径取150 mm），取C_n = 0.99；

N——实际投入使用喷嘴个数（本实验台喷嘴个数为3）；

A_n——喷嘴的喉部面积，m²；

ΔP_n——喷嘴两侧的静压差，Pa；

P_n——喷嘴进口处空气绝对压力，Pa；

T_n——喷嘴处空气热力学温度（T_n = 273 + t_n），K；

d_n——喷嘴进口处空气含湿量，kg/kg 干空气；

d_1——换热器进风取样盒中湿空气的含湿量，kg/kg 干空气；

d_2——换热器出风取样盒中湿空气的含湿量，kg/kg 干空气；

P_q——湿空气中水蒸气的分压力，Pa；

A——一般取为0.000667；

$P_{q \cdot b}$——湿球温度下水蒸气饱和压力，Pa；

t_g、t_s——通过喷嘴湿空气的干、湿球温度，℃；

3. 被测换热器的平均供冷量计算

$$Q = \frac{Q_w + Q_a}{2} \quad (2-54)$$

式中　Q——被测换热器的平均供冷量，W。

4. 被测换热器水侧与空气侧的热平衡偏差计算

$$\delta = \frac{|Q_w - Q_a|}{Q} \times 100\% \quad (2\text{-}55)$$

式中　δ——热平衡偏差，取值范围：$-5\% \leq \delta \leq 5\%$。

四、实验步骤

（1）熟悉有关设备及仪表（数字微压计（DP1000）、数字大气压力表（BY-2003P）、数显温度表）的使用方法。

（2）检查系统中有关湿球温度传感器上的纱布包扎情况，并将水杯中加至合适的水位。

（3）关闭所有的放水阀，打开冷水箱浮球阀前阀门向冷水箱注水。

（4）点动换热器循环泵，检查其转向是否正确；打开换热器循环泵出口阀门及换热器出水阀，向系统注水；启动水泵，将系统中污水排出，待水清洁后停泵；将冷水箱排水阀打开，排除污水后再向系统内注入清水。开启冷冻水泵、冷却水泵，待水清洁后停泵，将污水通过排水阀排出。

（5）启动冷冻水泵、冷水箱搅拌器、冷却水泵、冷却塔风机，使冷冻水与冷却水正常循环，然后开启冷冻机，设定冷水机组温度上限为 9 ℃，下限为 8 ℃，使冷水箱水温降低，并调整冷水箱 PID1 数显温度调节仪的设定值。

（6）根据实验需要操作排风阀和回风阀，关闭空调机组上所有检查门。启动空调风机（检查转向是否正确），用变频器调节输出频率，使喷嘴两侧静压差控制在规定的范围内，以保证通过换热器的迎面风速在 1~4 m/s 之间。

（7）启动被测换热器进出口取样风机，调整换热器进风干湿球温度 PID 数显调节仪的设定值；接通风系统控制干湿球温度的有关电加热器，使换热器进风干湿球温度控制在设定值，其波动不超过±0.3 ℃。

（8）待冷水箱温度接近设定值时，启动换热器泵，接通 PID1 控制的加热器，使被测换热器的进水温度控制在设定值，其波动不超过±0.2 ℃。

（9）通过数显温湿度表观察水温、风温变化，当换热器进风干球温度波动小于±0.3 ℃；进水温度波动小于±0.2 ℃时，系统将达到热平衡，处于稳定状态。

（10）待运行工况稳定后，开始记录数据，每隔 10 min 读一次，连续测量 4 次，将测试数据记录在表格内。

（11）测试结束后，应先切断所有电加热器电源，然后使水泵与搅拌器停车，待运行 10 min 后，再切断空调风机、取样风机、控制柜电源。

五、实验要求

做完实验后，应认真整理实验数据，完成实验报告内容。

（1）汇总记录数据（表 2-17）。
（2）计算被测换热器的平均换热量及热平衡偏差。
（3）写实验体会。

表 2-17　表冷器实验数据记录表

大气压：_____ kPa　　　　　　　　　　　　　　　　　　室内温度：_____ ℃

序号	进风干球温度/℃	进风湿球温度/℃	出风干球温度/℃	出风湿球温度/℃	进水温度/℃	出水温度/℃	水流量/(m³·h⁻¹)	喷嘴两侧压差/Pa	喷嘴入口压力/Pa
1									
2									
3									
4									
平均									

第十一节　室内空气品质测定实验

一、实验目的

(1) 了解室内空气的温度、湿度、CO、CO_2 及新风比对室内空气品质的影响。

(2) 掌握用 IAQ-CALC 表测定室内空气的温度、湿度、CO、CO_2 及新风比的实验步骤。

二、实验原理

用 IAQ-CALC 表（图 2-23）测定室内空气的温度、湿度、CO、CO_2 及新风比，把测得的实验数据可以通过仪表本身读出，也可以用附带的软件（LogDat™ Software）把测试的数据下载到电脑中，再进行数据处理。

1. 温度测试原理

热电偶根据两种不同材料导体或半导体焊接或铰接而成，其一端测温时置于被测温度场中，称为测量端（又称热端或工作端）；另一端为参比端（又称冷端或自由端）。如果热电偶的测量端和参比端的温度不同，且参比端温度 t_0 恒定，则热电偶回路中形成的热电势仅与测量端温度 t 有关。在热电偶回路中接入与热电偶相配套的显示仪表就构成了简单的测温系统，显示仪表可直接显示出被测温度的数值。

图 2-23　IAQ-CALC 表

2. 相对湿度测试原理

根据薄膜电容测试原理来测试相对湿度，高分子电容式湿度传感器基本上是一个电容器，在高分子薄膜上的电极是很薄的金属微孔蒸发膜，水分子可通过两端的电极被高分子薄膜吸收或释放。随着这种水分子吸收或释放，高分子薄膜的介质将发生相应的变化。因为介电常数随空气中的相对湿度变化而变化，所以只要测定电容就可测定相对湿度。

3. CO_2 测试原理

采用双波长非分散红外（NDIR）技术测试 CO_2 含量。红外线气体分析仪器利用被测气体对红外光的特征吸收对被测气体进行定量分析。当被测气体通过受特征波长光照的气室时，被测组分吸收特征波长的光。吸收光能的多少，与样品中被测组分浓度有关。对特征波长光辐射的吸收，透射光强度与入射光强度、吸收组分浓度之间的关系遵循比尔定律。

4. CO 测试原理

通过电化学溶液测试 CO 的含量。首先用五氧化二碘将 CO 氧化成 CO_2，然后用氢氧化钠吸收所得的 CO_2，由于氢氧根离子的当量电导大于碳酸根离子的当量电导，而吸收 CO_2 后，原氢氧化钠溶液的电导降低，所以通过测量氢氧化钠溶液的电导改变即可确定 CO_2 被吸收的量，也就是 CO 的量。在一定范围内，氢氧化钠溶液电导的变化与 CO 的量有线性关系。溶液的电导采用惠斯登电桥测量。

5. 新风比的测试原理

$$R = \frac{C_R - C_S}{C_R - C_O} \times 100\% \tag{2-56}$$

式中　　R——新风比，%；

C_R——回风的 CO_2 的浓度，$\times 10^{-6}$；

C_S——送风的 CO_2 的浓度，$\times 10^{-6}$；

C_O——室外空气的 CO_2 的浓度，$\times 10^{-6}$。

三、实验步骤

(1) 首先按"ON/OFF"键打开或关掉 IAQ-CALC。

(2) 按"SAMPLE INTERVAL"键可以设定仪器的离散或连续采样，并设置连续数据采集的间隔。不停地按"▲"键或"▼"键，显示 DISC，表示离散数据采集；显示 CONT，表示连续数据采集，按"ENTER"键确认所需要的选择。

(3) 按"TEMP"键可以查看探测器测得的温度。如果仪器附带了外置的温度探测器，则按"TEMP"键可以跳出原来读数并得到此外置探测器测得的温度读数。IAQ-CALC 可以显示华氏（℉）度数或摄氏（℃）度数，这取决于 DIP 开关的设置。

(4) 按"CO_2"键可显示 CO_2 检测状态，然后把传感器放置于需要检测的地方。

(5) 按"HUMIDITY"键，在显示屏第一行显示湿度检测的数值。湿度以相对湿度、露点、湿球温度、绝对湿度读出，连按"HUMIDITY"键可以选择需要的湿度数值。

(6) 按"CO"键并在显示屏第一行显示 CO 浓度数值。

(7) 按一下"%OA"键，仪器进入回位模式（RETURN MODE），按"TEMP"键，则以温度模式进行计算新风比。

①在回位模式下，待测试数据稳定后，按"SAMPLE"键得到一个样品读数并显示在屏幕第一行。按"▲"键进入室外空气模式。

②在室外空气模式（OUTSIDE AIR）下，会连同当前数值一起显示在屏幕最底行，之

前的数显示在第一行。待测试数据稳定后，按"SAMPLE"键得到一个样品读数，按"▲"键进入供给空气模式。

③在供给空气模式（SUPPLY）下，会连同当前数值一起显示在屏幕最底行，之前获得的数值会显示在第一行。待测试数据稳定后，按"SAMPLE"键得到一个样品读数，按"▲"键进入%OA模式。按"SAMPLE"键存储这4个样品读数。

（8）下载数据到电脑上，对数据进行处理并找出数据的变化规律。

注：其中按"NEXT TEXT（clear）"键进入下一个编号的检测。按"STATISTICS（review data）"键可重看数据。长按"STATISTICS（review data）"键，IAQ-CALC发出"嘟"的提示声，停止按键，显示当前检测编号。按"▲"键或"▼"键选择所需的检测编号，按"ENTER"键确认；再按"▲"键查看平均值、最小值、最大值、总共采样次数及单个采样编号和数据值，再按"STATISTICS（review data）"键查看不同的检测编号；按"▲"键或"▼"键选择新的检测编号，然后按"ENTER"键确认。

四、实验数据记录与整理（表2-18）

表2-18 室内空气品质测定实验数据记录与整理表

实验测点编号		1	2	3
温度/℃	干球温度			
	湿球温度			
	露点温度			
一氧化碳/$\times 10^{-6}$				
二氧化碳/$\times 10^{-6}$				
湿度	相对湿度/%			
	绝对湿度/$(g \cdot m^{-3})$			
	湿度率/$(g \cdot kg^{-1})$			
新风比/%				

五、实验报告编写

（1）实验目的、实验原理、实验步骤。
（2）实验数据整理及分析，简单分析环境空气质量状况。
（3）给出实验结论，分析实验存在的问题，提出实验改进的合理化建议。

第十二节　管网水力平衡虚拟实验

一、实验目的

（1）掌握水力系统常见调节阀的特点、作用和工作原理。

(2) 了解水力系统规律。
(3) 掌握系统调节方法。

二、实验原理

1. 阀门特性

水力平衡主要包括供热系统的充水及排气、管网水力调节、系统的运行管理等方面，其中该部分需要学生掌握的知识点主要包括以下 3 个方面。

1) 静态平衡阀（MSV-BD）

MSV-BD 是一系列手动阀，用于保证供暖、制冷和家用热水系统的流量平衡，通过调节阀门手柄上的刻度值（DN15 型调节阀调节刻度值从 0 到 6，调节间隔为 0.1）实现对管网系统的调节。该阀门具有的特性包括：线性阀门特性曲线（相对于上抛型阀门特性曲线）；精确的手动调节功能，有调节刻度的手动调节阀；能够直接测量流量和压降；能够锁定。

2) 动态压差平衡型电动调节阀（AB-QM）

AB-QM 能够精确控制流量，增强了用户的舒适性，可有效地降低空调系统的运行成本，通过调节阀门手柄上的刻度值（DN15 型阀门预设定刻度的数值范围为从 100% 流量到 0% 流量）实现对管网系统的调节。该阀门具有的特性包括：兼具平衡和控制两项功能，可将安装成本减半；具有线性控制特性；按照设计流量工作；膜片的设计不受阀芯规格的限制，因此不易发生堵塞；水系统可分期分批并网，不会影响原有系统的使用，AB-QM 将自动控制流量，即使系统的其他部分尚未完成。项目完工后，无须对 AB-QM 进行重新调整。设定过程方便快捷，无须流程图、计算或测量装置，调试成本几乎为零。可将 AB-QM 阀门设为精确的设计值，即使系统正在运行。

3) 自动压差式平衡阀（ASV-PV）

ASV-PV 用于实现供暖和制冷系统的动态水力平衡。通过调节阀门手柄转过的圈数（DN15 型阀门调节圈数的数值范围为 0~20 圈）实现对管网系统的调节。该阀门具有的特性包括：设计加工精良，不同口径阀门选用不同尺寸的膜盒；控制精度高，静差及比例带更精确；超低启动压降；更高的阀门最大压降（小于 DN50 时为 150 kPa，不小于 DN50 时为 250 kPa）；具有线性压差设定参考（设定精确）；可与静态平衡阀联用，以实现流量测量及流量限制功能。

2. 管网特性

1) 串联管路

串联管路流量为

$$Q_1 = Q_2 = Q_3 \tag{2-57}$$

式中 Q——流量，m^3/s。

串联管路阻力损失，按照阻力叠加原理，则

$$h_{1-3} = h_1 + h_2 + h_3 = S_1 Q_1^2 + S_2 Q_2^2 + S_3 Q_3^2 \tag{2-58}$$

式中 h——管段阻力，包括沿程阻力和局部阻力，Pa；

S——管段阻抗。

因流量 Q 各段相等，于是得

$$S = S_1 + S_2 + S_3 \tag{2-59}$$

结论：无中途分流或合流的串联管路，各管段流量相等，阻力叠加，总管路的阻抗 S 等于各管段的阻抗叠加。

2）并联管路

并联管路流量为

$$Q = Q_1 + Q_2 + Q_3 \tag{2-60}$$

并联管路各管段阻力损失相等，则

$$h_{1-3} = h_1 = h_2 = h_3 \tag{2-61}$$

$$S_1 Q_1^2 = S_2 Q_2^2 = S_3 Q_3^2 \tag{2-62}$$

由式（2-59）~式（2-61）可得

$$\frac{1}{\sqrt{S}} = \frac{1}{\sqrt{S_1}} + \frac{1}{\sqrt{S_2}} + \frac{1}{\sqrt{S_3}} \tag{2-63}$$

$$Q_1 : Q_2 : Q_3 = \frac{1}{\sqrt{S_1}} : \frac{1}{\sqrt{S_2}} : \frac{1}{\sqrt{S_3}} \tag{2-64}$$

于是得到并联管路流动规律：并联节点上的总流量为各支管中流量之和；并联各支管上的阻力损失相等，总的阻抗平方根倒数等于各支管阻抗平方根的倒数之和。

三、实验设备

本虚拟实验系统的管网水力系统是一个具有 3 个并联环路的机械供暖系统，每个并联环路有一个热用户，静态平衡阀（MSV-BD）、动态压差平衡型电动调节阀（AB-QM）、动态平衡阀（ASV-PV）分别安装在回水管上。每种调节阀对应一种实验模式，当测试一种阀门特性时，其余两种阀门关闭。

图 2-24 所示左侧为功能按钮，通过每个模块进行学习和实验操作，在每个子界面都可以点击左上角"小房子"回到主界面。其中，设备认知可以通过鼠标旋转设备空间了解设备所在房间的位置、尺寸等信息，效果如图 2-24 右侧所示。

本虚拟实验操作界面如图 2-25 所示。图 2-24a 所示左侧有 3 个模式选项，中间为实验系统（本虚拟实验只能模拟并联管路），右侧为阀门调节阈值，每种阀门调节阈值设置有所区别（有兴趣的同学可以自学）。右侧最下方有"计算确定"按钮，每调整一次就可以点击"计算确定"，然后再记录压力表和流量表中显示的当前状态下管道流体参数。

管网水力平衡常用调节装置有平衡阀和自力式流量控制阀，平衡阀是一次性手动调节的，不能够自动地随系统工况变化而变化阻力系数，所以称静态平衡阀。平衡阀作用对象是阻力，能够通过手动可调孔板的作用来平衡管网系统的阻力，达到各个环路的阻力平衡。自力式流量控制阀又称为定流量阀或最大流量限制器，自力式流量控制阀作用对象是流量。从机理上看，在一定的工作压差范围内，它可以有效地控制通过的流量。当阀门前后的压差增大时，通过阀门的自动关小动作，保持流量不增大；反之，当压差减小时，阀门自动开大，以保持流量恒定。

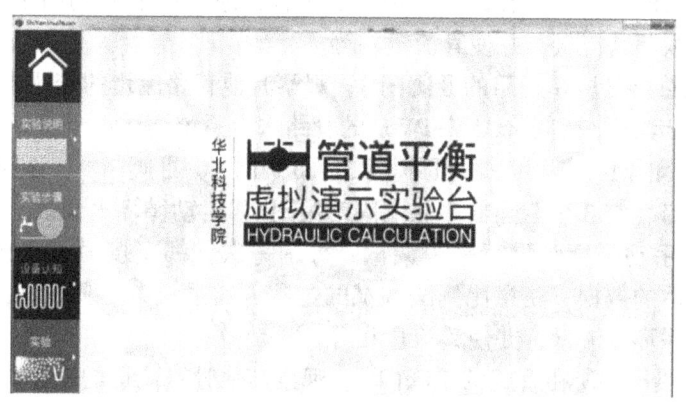

图 2-24 主界面

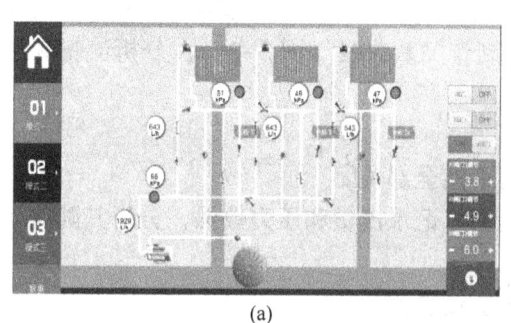
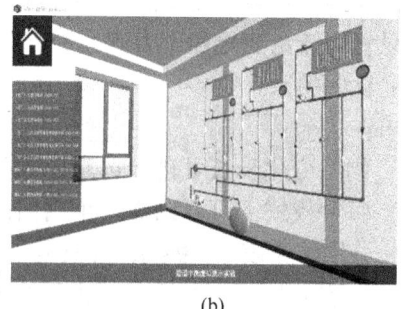

图 2-25 操作界面

四、实验步骤

本实验步骤：启动循环水泵（注水）→对相应阀门进行平衡调试→观察各环路流量变化→分析管路、阀门特性→导出实验数据→完成实验报告。

学生可通过以下 3 种模式完成对水力系统的平衡调试。

模式 1——带静态平衡阀（MSV-BD）的管路水力系统调试：

（1）关闭Ⅰ阀门 1、Ⅰ阀门 2、Ⅰ阀门 3、Ⅱ阀门 1、Ⅱ阀门 2、Ⅱ阀门 3 共 6 个调节阀，其余阀门开启（与 3 个散热器并联的阀门关闭），启动循环水泵。

（2）对 3 个手动平衡阀进行平衡调试，每调一次，都要按面板上的"确定"按钮，然后再记录计算后的数据，注意比例法调试的过程；通过调节Ⅲ阀门 1、Ⅲ阀门 2、Ⅲ阀门 3 调节 3 个并联环路流量，并使各并联环路流量相等。

（3）调小散热器Ⅲ所在环路的Ⅲ阀门 3，观察其他管路流量的变化。

模式 2——带动态压差平衡阀（AB-QM）的管路水力系统调试：

（1）关闭Ⅰ阀门 1、Ⅰ阀门 2、Ⅰ阀门 3、Ⅲ阀门 1、Ⅲ阀门 2、Ⅲ阀门 3 共 6 个调节阀，其余阀门开启（与 3 个散热器并联的阀门关闭），启动循环水泵。

（2）对 3 个手动平衡阀进行平衡调试，每调一次，都要按面板上的"确定"按钮，然后再记录计算后的数据，注意比例法调试的过程；通过调节Ⅱ阀门1、Ⅱ阀门2、Ⅱ阀门3调节3个并联环路流量，并使其流量相等。

（3）调小散热器Ⅲ所在管路的Ⅱ阀门3，观察其他管路流量的变化。

模式3——带动态平衡阀（ASV-PV）的管路水力系统调试：

（1）关闭Ⅱ阀门1、Ⅱ阀门2、Ⅱ阀门3、Ⅲ阀门1、Ⅲ阀门2、Ⅲ阀门3共6个调节阀，其余阀门开启（与3个散热器并联的阀门关闭），启动循环水泵。

（2）对3个手动平衡阀进行平衡调试，每调一次，都要按面板上的"确定"按钮，然后再记录计算后的数据，注意比例法调试的过程；通过调节Ⅰ阀门1、Ⅰ阀门2、Ⅰ阀门3调节3个并联环路流量，并使其流量相等。

（3）调小散热器Ⅲ所在管路的Ⅰ阀门3，观察其他管路流量的变化。

五、实验数据记录与整理

采用3种模式分别测试阀门特性和管道流量变化，通过调节阀门阈值改变管段压力，同时记录管网流量变化和压力表读数，并制作关系曲线（图2-26），分析流量和压力随阀门阈值变化的关系。

要求：

（1）阀门变化步长可自行选定，阀门不能全部关闭。

（2）每种模式下可以调节一个阀门阈值，记录流量和压力数据，分析其随阀门阈值变化关系，分别填到表2-19~表2-21中。

（3）由实验教师分配每个模式下的平衡流量值。

（4）通过主界面"导出数据"模块导出每次调节的数据，作为查找、保存依据。

表2-19 模式1——带静态平衡阀（MSV-BD）的管路水力系统调试数据表

序号	阀门调节值			流量表读数/(L·h^{-1})				压力表读数/kPa			
	Ⅰ阀门1	Ⅰ阀门2	Ⅰ阀门3	总管	管路1	管路2	管路3	总管	管路1	管路2	管路3
1											
2											
3											

表2-20 模式2——带动态压差平衡阀（AB-QM）的管路水力系统调试数据表

序号	阀门调节值			流量表读数/(L·h^{-1})				压力表读数/kPa			
	Ⅱ阀门1	Ⅱ阀门2	Ⅱ阀门3	总管	管路1	管路2	管路3	总管	管路1	管路2	管路3
1											
2											
3											

表 2-21 模式 3——带动态平衡阀（ASV-PV）的管路水力系统调试数据表

序号	阀门调节值			流量表读数/(L·h^{-1})				压力表读数/kPa			
	Ⅲ阀门1	Ⅲ阀门2	Ⅲ阀门3	总管	管路1	管路2	管路3	总管	管路1	管路2	管路3
1											
2											
3											

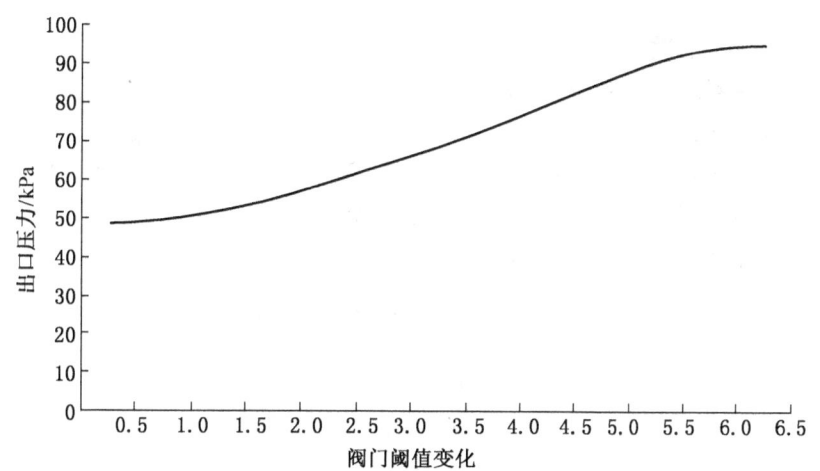

图 2-26 出口压力随阀门阈值变化关系曲线

第十三节 散热器热工性能测定

影响散热器热工性能的因素很多，散热器的热工性能一般是由实验确定。

一、实验目的

（1）了解采暖散热器热工性能的测试方法及热水散热器热工实验装置结构。
（2）测定散热器的散热量 Q，了解散热器的散热量 Q 与热煤流量 G 和温差 Δt 的关系。
（3）掌握数据的整理及计算方法，从而确定散热器在标准工况下的散热量及传热系数。

二、实验原理

1. 散热器的散热量

散热器在稳态条件下散热时，热媒供给的热量等于散热器表面散出的热量。通过实验测得散热器的散热量，创造条件使实验装置和系统达到一定精度的稳定状态。测量流过散热器的水量和散热器进出口水的温降后，可求得散热器散热量为

$$Q = G c_{\mathrm{pw}}(t_{\mathrm{g}} - t_{\mathrm{h}}) \tag{2-65}$$

式中 Q——热水在散热器中的放热量，W；
   G——流经散热器的水流量，kg/s；
   c_{pw}——热水的定压比热，J/(kg·℃)；
   t_g——散热器进口水温，℃；
   t_h——散热器出口水温，℃。

2. 散热器空气侧传热

$$Q' = KF\Delta t \tag{2-66}$$

$$\Delta t = \frac{t_g + t_h}{2} - t_n \tag{2-67}$$

式中 Q'——散热器的散热量，W；
   K——散热器的传热系数，W/(m²·℃)；
   F——散热器的传热面积，m²；
   Δt——计算温差（散热器中热水的平均温度与小室空气温度之差），℃；
   t_n——小室温度，采用小室内基点的空气温度，℃。

根据热平衡原理（$Q = Q'$），可得

$$Gc_{pw}(t_g - t_h) = KF\left(\frac{t_g + t_h}{2} - t_n\right) \tag{2-68}$$

$$K = \frac{Gc_{pw}(t_g - t_h)}{F\left(\dfrac{t_g + t_h}{2} - t_n\right)} \tag{2-69}$$

三、实验装置

本实验装置示意图如图 2-27 所示。被测散热器采用四柱 813 型散热器。散热器测试小室由内、外层组成。内层构成测试室，外层与内层之间构成补偿维护层及闭式循环风道。补偿维护层可使测试小室处于稳定的特定环境。测试小室的尺寸为 (4±0.2)m×(4±0.2)m×(2.8±0.2)m，闭式小室外壳的夹层内安装了风机盘管，依靠冷水机组产生的冷冻水由换热器循环泵送至风机盘管来冷却夹层中的空气，使小室内基点空气温度维持在 19~21℃之间的某一点温度。被测散热器安装在闭式小室内，散热器应平行于小室中某一面墙，并对称于墙的中心线安装，其背部距墙 0.045~0.055 m，底部距地面 0.1~0.12 m，散热器与支管的连接采用同侧上进下出。在小室的基准点（内部空间的中心垂直轴线上离地面 0.75 m）及散热器进出口处均安装了高精度 Pt100 温度传感器，通过数显表可直接测量其温度。

热水由热水箱通过散热器泵加压，经加热桶进入被测散热器中，在散热器中放热后由回水管道流回热水箱。为了满足测试工况对进水温度的要求，水在系统循环过程中共设置了两级加热设施，其温度通过 PID 固态继电器进行控制；保证散热器供水达到测试要求。其中热水箱作为散热器所需热水的一级加热，热水箱内设有两组电加热管，一组为手动 3 根 10 kW 电加热器，另一组为 3 根 8 kW PID 加热管。二级加热由中间加热桶来完成，二级加热器的加热功率为两根 2 kW 电加热管。

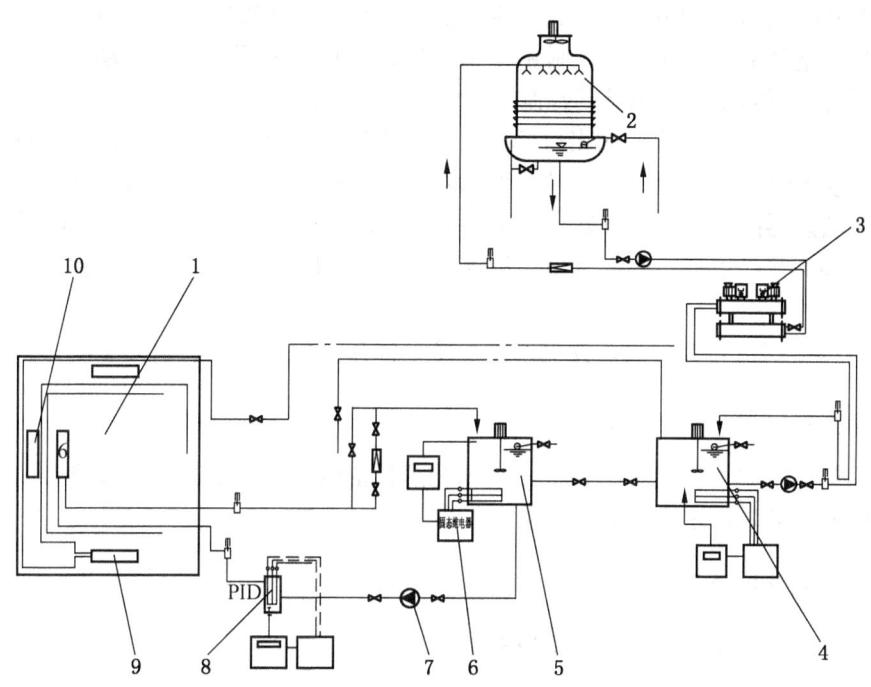

1—散热器测试小室；2—冷却水塔；3—冷水机组；4—冷水箱；5—热水箱；6—PID控制器；
7—散热器循环泵；8—二次加热桶；9—风机盘管；10—被测散热器

图 2-27 散热器热工性能测定实验装置示意图

四、实验步骤

1. 测试要求

（1）实验时应将热水采暖系统调试到标准工况，即散热器进出口平均水温与基准点空气温度之差为 (60±1)℃时，进出口热水温度降为：辐射散热器 (20±2)℃，对流散流器 (10±2)℃。

（2）测试必须在热水循环系统和闭式小室内的温度全部达到稳定条件后可进行，并在测试全过程加以保持。对于热水循环系统，其水流量波动应小于±2%，进出口水温度波动应小于±0.2℃，对于小室内基准点空气温度为 19~21℃，其波动应不大于±0.1℃。小室温度同时也要满足计算温差的控制要求 (60±1)℃。

（3）散热器的水流量采用称重法，将取样桶放在散热器回水管的出口处，取样后用电子台秤称出其重量。

2. 实验操作

（1）实验前准备：向冷热水箱注水，并启动管道泵排除系统中的空气、杂质等，使水系统正常循环（由水箱排水阀排放）。

（2）接通一级、二级电加热器，经反复观测，调节热水旁通阀，调节一级、二级电加热器使散热器的进水温度稳定在 (90±0.2)℃。

（3）启动冷水机组，将冷水机组的温控开关上限设定在 9℃，下限设定在 8℃，并设定冷水箱 PID1 表，接通 PID1 加热器使水箱温度管稳定在 8 ℃左右。启动小室夹层内风机盘，使测试小室基准点空气温度控制在 19~21 ℃之间的某一温度，其波动不超过±0.1 ℃，小室温度同时也要满足计算温差的控制要求 (60±1)℃。

（4）调节散热器回水管上的出口处的阀门，使散热器出水温度稳定在 (71±0.2)℃。

（5）待整个系统达到稳定后，测量散热器进、出口水温度及小室基准点温度，同时将取样桶放在散热器回水管的出口处，对系统循环水流量进行取样，取样后用电子台秤称出其重量从而得到流经散热器的水流量。每隔 10 min 观测一次，连续测试 4 次，将测试数据记录在表内。

（6）改变工况进行试验。改变供回水温度，保持水流量不变；改变流量，保持散热器平均温度不变，即保持 $\Delta t = \dfrac{t_g + t_h}{2}$ 恒定。

（7）测试完毕后，先关闭一级、二级电加热器的电源。再依次关闭散热器的热水循环泵、压缩机的电源、冷水机组循环水泵。

五、实验数据记录与整理

将本实验原始数据记录到表 2-22 内。

表 2-22 散热器热工性能测试数据记录表

被测散热器名称：_____ 型号规格：_____ 散热面积：_____ m²
夹层空气温度：_____ ℃ 环境温度：_____ ℃ 一级温控设定值：_____ 二级温控设定值：_____

实验次数	水流量 $G/(\mathrm{kg \cdot s^{-1}})$	散热器供水水温 t_g/℃	散热器回水水温 t_h/℃	小室基准点空气温度 t_n/℃	散热量 Q/W	传热系数 $K/(\mathrm{W \cdot m^{-2} \cdot ℃^{-1}})$
1						
2						
3						

六、实验报告编写

（1）整理试验数据，计算散热器散热量和传热系数。
（2）将所得的传热系数实验值和标准传热系数相比较，进行误差分析。

第十四节　空调机组性能测定

一、实验目的

（1）加深对空气热、湿交换理论的理解，了解外在参数变化时对内在参数的影响。

（2）掌握设备前后各点温、湿度的测定方法；了解实验装置的特点和实验有关测试仪表的使用方法。

（3）掌握室内空气处理的过程，通过直流系统和一次回风系统工况的分析，加深对焓湿图的理解。

(4) 计算空调机的热平衡偏差，对测定结果进行分析。

二、实验原理

在测试装置中，通过调节阀门选择不同的进风方式，确定风系统的模式，然后由空调机组空气预处理段对空气进行各种处理，使表面式冷却器进风参数满足测试工况的要求。由电加热器（手动加热、PID加热）使空气温度适当升高，由电加湿器（手动加湿、PID加湿）对空气进行加湿，再由表面冷器降温、除湿。在实验装置上，据仪表对各点干湿球温度的显示，调节制冷系统制冷量、表冷器的冷水量、加热的功率、加湿量等模拟夏季室内外环境，从而模拟夏季的空气处理过程进行测试。通过测试各点的干湿球温度，测试喷嘴两侧的压差，利用焓湿图进行热工计算，评价空调机组的性能。

三、实验装置

1. 基本装置

本实验装置由空气热湿处理系统、冷却水系统、制冷系统和冷冻水系统4部分组成。

2. 测试装置

(1) 使用Pt100温度传感器及精密温度计测量温度，8个测点。
(2) 使用玻璃转子流量计测量水流量，2个测点。
(3) 使用倾斜式微压计测量空气流量，1个测点。
(4) 使用毕托管测量空气压力差，1个测点。
(5) 使用功率表测量冷水机组的功率。

3. 实验装置的控制

(1) 风量调节：由变频调压调速器通过调节风机输入电源频率来达到要求的风量。
(2) 温、湿度调节：由PID调节器进行温度、湿度的调节和控制。
(3) 水量调节：通过阀门手动调节。

四、实验步骤

(1) 打开冷却塔进水阀门，并通过浮球阀向冷却塔注水，同时打开冷却塔排污阀及系统排污阀排除桶中的污水、空气，使冷却泵吸水管路充满水（系统长时间不用时，系统须进行冲洗）。

(2) 启动冷却水泵，检查其转向，使冷却水在冷凝器与冷却塔之间正常循环。调节冷却泵出口阀门，使水流量控制在最大刻度。

(3) 打开冷水箱进水阀门，向冷水箱注水，待水注满后，启动冷冻水泵使水在冷水箱与机组蒸发器之间正常循环。

(4) 检查冷水机组上的吸气阀、排气阀及出液阀是否打开，开启1号、2号冷冻机。

(5) 开启冷水箱PID1、PID2加热器，使其水温保持恒定，（一般设定在10℃左右）。

(6) 待水箱温度达到10℃左右时，开启表冷器泵，向空调机组内的表冷器输送冷冻水。接通冷水箱PID2加热器使箱内水温保持恒定。

(7) 关闭回风阀，打开新风阀及排风阀，启动空调风机，使系统处于全新风状态。

(8) 模拟夏季室外环境，打开进风段的加热器、加湿器（产生室外的高热、高湿）。

（9）模拟夏季室内环境，打开热水箱加热器将水箱温度加热到 35℃左右，开启热水循环泵，模拟室内段的热、湿（产生室内余热）。

（10）新风经表冷器降温去湿处理后，由送风口送入室内消除室内的余热余湿，使室内温、湿度维持在一定范围内满足人体的舒适要求。

（11）在计算机上观察空调机组表冷器前后干湿球温度以及室内段进出风温度的变化情况，待工况稳定后即表冷器的回水温度及进出风温度约 10 min 不变化，将有关参数记录在表格内。

（12）关闭排风阀，打开新风阀及回风阀使系统处于一次回风状态，使新回风比达到 50%。待系统运行稳定后，将有关参数记录在表格内。

（13）实验结束后，应先关闭制冷机，再切断电加热器、水泵、风机、搅拌器等电源。

五、实验数据处理

做完实验后认真整理实验数据、填写实验测定数据表（表 2-23 ~ 表 2-25），完成实验报告。

表 2-23 室内段空气测定数据记录表

大气压：_____ Pa　环境温度：_____ ℃　实验日期：_____ 年_____ 月_____ 日

测试项目		测试记录				平均	备注
		1	2	3	4		
直流系统	进口干球温度 t_1/℃						
	进口湿球温度 t_{s1}/℃						
	出口干球温度 t_2/℃						
	出口湿球温度 t_{s2}/℃						
新回风比例 50%	进口干球温度 t_1/℃						
	进口湿球温度 t_{s1}/℃						
	出口干球温度 t_2/℃						
	出口湿球温度 t_{s2}/℃						

表 2-24 空气热、湿处理实验测定数据记录表（直流系统）

大气压：_____ Pa　环境温度：_____ ℃　实验日期：_____ 年_____ 月_____ 日

序号	空气处理段表冷器进风干球温度/℃	空气处理段表冷器进风湿球温度/℃	空气处理段表冷器出风干球温度/℃	空气处理段表冷器出风湿球温度/℃	进水温度/℃	出水温度/℃	水流量/(kg·h^{-1})	喷嘴两侧压差/Pa
1								
2								
3								
平均								

表 2-25　空气热、湿处理实验测定数据记录表（一次回风系统）

大气压：_____Pa　　环境温度：_____℃　　实验日期：_____年_____月_____日

序号	干球温度/℃	进风湿球温度/℃	出风干球温度/℃	出风湿球温度/℃	进水温度/℃	出水温度/℃	水流量/(kg·h^{-1})	喷嘴两侧压差/Pa
1								
2								
3								
平均								

六、实验报告编写

（1）说明实验目的、实验原理、实验步骤。
（2）在 h-d 图上绘出各阶段的焓湿处理过程。
（3）根据实验结果，分析影响空调机组性能的主要因素。
（4）提出实验存在的问题及实验改进的合理化建议。

第十五节　空调、冰箱制冷循环演示实验

一、实验目的

（1）理解制冷系统的组成及各热力部件作用，增强对蒸汽压缩式制冷系统的感性认识。
（2）了解冰箱制冷原理，观察制冷剂 R12 的蒸发、冷凝过程和现象。
（3）掌握空调（热泵型）制冷、制热的原理及调节方法，了解四通换向阀的工作原理。
（4）了解蒸汽压缩式制冷循环工况状态的变化及循环全过程的基本特征。

二、实验原理

1. 冰箱制冷原理

该系统工作时，低温、低压气态制冷剂被压缩机吸入并压缩后，变为高温、高压气态制冷剂，流经冷凝器后放热液化，再经热力膨胀阀（或毛细管）节流降压，同时温度下降，随后制冷剂在蒸发器中吸热、汽化，实现制冷。

2. 空调（热泵型）制冷原理

压缩机排出的高温高压过热蒸汽，通过四通换向阀进入室外机的换热器（冷凝器），通过轴流风机的强制对流冷却散热，气态制冷剂发生液化。液态制冷剂经过干燥过滤器干燥过滤、毛细管节流降压后，低温低压的液态制冷剂经由供液管（细管）进入室内机的换热器（蒸发器）中吸热汽化，将贯流风机压出的空气冷却降温，冷风送入室内。汽化后的制冷剂再经过回气管（粗管）回到室外机，通过四通换向阀吸回压缩机中，再次被压缩成高温高压的过热蒸汽。如此不断循环，实现制冷。

3. 空调（热泵型）制热原理

压缩机排出的高温高压过热蒸汽，经过四通换向阀进入室内机的换热器（冷凝器），过热蒸汽在其中凝结放热，并由贯流风机吹出热空气。冷凝后的低温高压液态制冷剂，再经由供液管（细管）从室内机送回到室外机中。液态制冷剂经过干燥过滤器干燥过滤、毛细管节流后，进入室外机的换热器（蒸发器），在轴流风机的强制对流作用下，吸收外界热量并汽化。制冷剂蒸汽经由四通换向阀被压缩机吸回，再次被压缩成高温高压的过热蒸汽。如此不断循环，实现制热。

4. 四通换向阀工作原理

当热泵型空调器在制冷工况运行时，四通换向阀连通室内换热器回气管和压缩机吸气管、连通压缩机排气管和室外换热器进气管，室内换热器成为蒸发器，而室外换热器成为冷凝器，实现制冷循环。当热泵型空调机在制热工况运行时，四通换向阀连通室外换热器回气管和压缩机吸气管、连通压缩机排气管和室内机换热器进气管，室内换热器成为冷凝器，而室外换热器成为蒸发器，实现制热循环。

三、实验装置

冰箱制冷循环演示装置由全封闭压缩机、冷凝器（风冷式）、蒸发器、毛细管、干燥过滤器、视液镜及管路等组成。制冷剂为 R12。该装置原理图如图 2-28 所示。

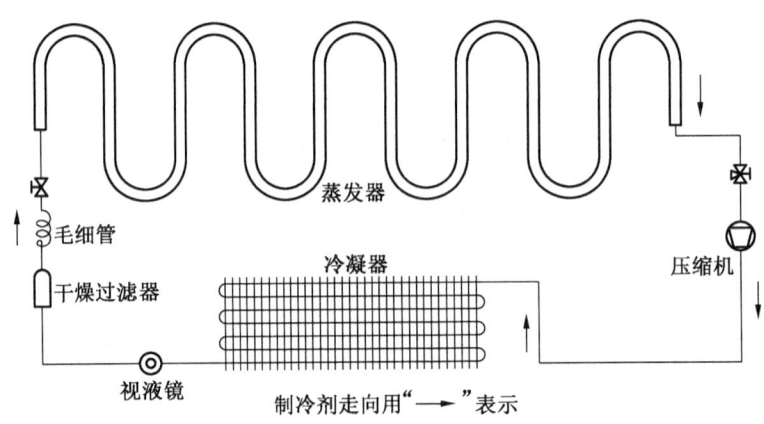

图 2-28 冰箱制冷循环演示装置原理图

空调（热泵型）制冷循环系统演示装置由室内外换热器、压缩机、四通换向阀、热力膨胀阀（或毛细管）以及连接管路和控制电路组成。制冷剂采用 R22。该实验装置原理图如图 2-29 所示。

四、实验步骤

1. 冰箱制冷循环演示

（1）打开电源开关。启动压缩机，待系统运行稳定后稳态运行即可，通过视液镜观察制冷剂的冷凝过程及现象。

（2）压缩机正常运转时，触摸压缩机排气管和吸气管，根据温度判别吸、排气管。

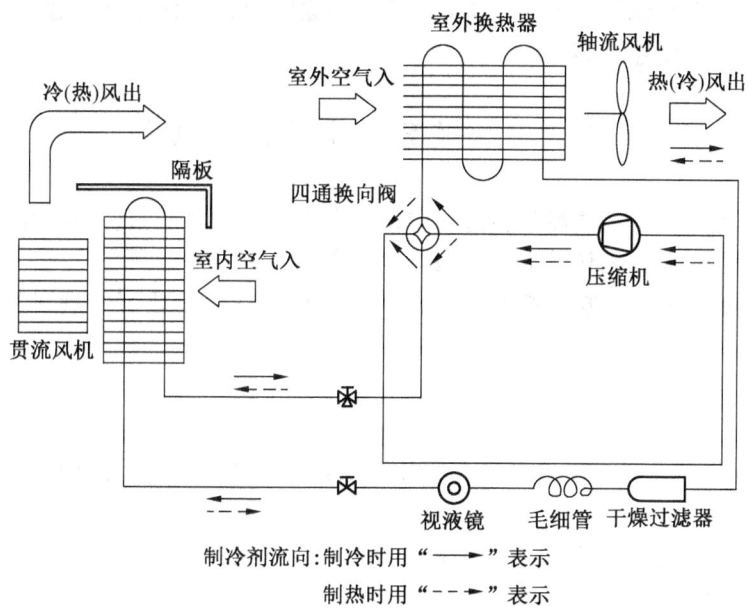

图 2-29 空调（热泵型）制冷循环系统演示装置原理图

(3) 压缩机正常运转 5~10 min 时，触摸冷凝器的温度，其上部温度较高，下部温度较低（或右边温度高，左边温度低，随冷凝器盘管形式而异），说明制冷剂正常循环中。若冷凝器不发热，则说明制冷剂有泄漏。若冷凝器发热数分钟后又冷下来，说明过滤器、毛细管有堵塞。对于风冷式冷凝器，可手感冷凝器有无热风吹出，无热风说明不正常。

(4) 观察视液镜内有无液态制冷剂；观察蒸发器表面有无结霜现象。

(5) 触摸过滤器表面，制冷系统正常工作时，其表面温度应比环境温度稍高些，会有微热感觉。若出现显著低于环境温度的凝露现象，说明滤网的大部分网孔堵塞，致使制冷剂流动不畅，从而产生节流降温。

2. 空调（热泵型）制冷循环演示

(1) 接通空调实验装置电源，观察视液镜内有无液态制冷剂。

(2) 待系统运行一段时间稳定后，触摸冷凝器（室外换热器），观察其周围气温的温度有无上升，有无热风吹出；触摸蒸发器（室内换热器），观察其周围气温的温度有无下降，有无冷风吹出。

(3) 空调（热泵型）制冷循环演示实验结束后，停止压缩机运行，关闭实验台电源，待 5 min 后再进行制热工况实验。

五、实验要求

(1) 熟悉实验装置，绘制装置示意图，说明系统的组成及各部件的作用。

(2) 改变四通换向阀的制冷剂流通方向，观察制冷和制热工况下换热器进出口温度的变化，说明原因。

(3) 完成实验报告。内容包括：实验目的、实验原理、实验步骤、实验观测的现象；

说明四通换向阀的工作原理,进而分析其改变制冷系统流程工作情况;通常实验存在的问题及实验改进的合理化建议等。

第十六节 旋风除尘器性能测定

旋风除尘器是一种利用气流旋转过程中作用在尘粒上的离心力,使尘粒从含尘气流中分离的净化装置,它可分离粒径大于 10 μm 的尘粒。

旋风除尘器的性能包括技术指标和经济指标。技术指标主要有处理风量、除尘效率、阻力等。

一、实验目的

(1) 掌握旋风除尘器性能测定的主要内容和基本方法,较全面地了解影响旋风除尘器性能的主要因素。

(2) 掌握旋风除尘器进口风速与阻力、进口粉尘浓度对除尘效率的影响。

(3) 测量旋风除尘器的全效率。

二、实验内容

(1) 测定或调定除尘器的处理风量。

(2) 测定除尘器阻力与负荷的关系(即不同进口风速时阻力变化情况)。

(3) 测定除尘器效率与负荷的关系(即不同进口风速时除尘效率的变化情况)。

三、实验原理

当含尘气体由切向进口进入旋风除尘器时,气流由直线运动变为圆周运动,旋转气流沿除尘器内壁呈螺旋形向下、朝向锥体流动,通常称此为外旋气流。含尘气体在旋转过程中产生离心力,将粉尘粒子甩向除尘器壁面。粉尘粒子一旦与除尘器壁面接触,便失去径向惯性力,在向下的动量和重力作用下沿壁面下落,进入排灰管。外旋气流到达锥体下端时转而沿轴心向上做螺旋形运动,构成内旋气流。最后,净化气体经排气管排出,小部分未被捕集的粉尘粒子也随之排出。

1. 除尘器风量测定和计算

除尘器风量用孔板测定,其计算式为

$$L = \alpha \varepsilon F_0 \sqrt{\frac{2\Delta p}{\rho}} \tag{2-70}$$

式中 α——流量系数;

ε——被测介质的膨胀校正系数;

F_0——孔板喉部断面面积,m^2;

Δp——孔板前、后测压断面的静压差,Pa;

ρ——气体密度,kg/m^3。

在除尘器及管路密封良好的情况下,风量也可以在出口管道用毕托管测定,其计算式为

$$L = \alpha F_0 \sqrt{\frac{2P_d}{\rho}} \quad (2-71)$$

式中 P_d——测量断面的平均动压，Pa。

为保证除尘器前、后两测压断面取压的准确性，除尘器前、后测点与除尘器进出口之间均分别应有一定长度的直管段。前测点距除尘器的进口不少于管径的 6 倍，后测点距除尘器的出口不少于管径的 10 倍。

除尘器前、后两测压断面的全压差 $\Delta p'_q$ 减去除尘器前、后管路至测压断面的阻力 $\sum \Delta p_f$ 即为除尘器的阻力 Δp，即

$$\Delta p = \Delta p'_q - \sum \Delta p_f \quad (2-72)$$

或

$$\Delta p = \Delta p_j + \Delta p_d - \Delta p_f \quad (2-73)$$

式中 Δp_j——静压孔前、后测得的静压差；

Δp_d——除尘器前、后测压断面的动压差（根据测得的流量计算）。

其中，$\sum \Delta p_f$ 由测得的风量及对应的沿程阻力系数和局部阻力系数通过阻力公式计算得到。

2. 除尘器进口风速、进口动压及阻力系数的计算

除尘器进口风速为

$$v = \frac{L}{3600F} \quad (2-74)$$

式中 L——除尘器系统风量，m³/h；

F——除尘器进口的面积，m²。

除尘器的进口动压为

$$p_{d,i} = \frac{\rho v^2}{2} \quad (2-75)$$

除尘器的阻力系数以进口动压为基准，按下式计算：

$$\xi = \frac{\Delta p}{p_{d,i}} = \frac{\Delta p}{\frac{\rho v^2}{2}} \quad (2-76)$$

式中 ξ——除尘器的阻力系数。

3. 粉尘浓度的计算

除尘器进口粉尘浓度为

$$c_i = \frac{G_1}{L_i \tau} \quad (2-77)$$

除尘器出口粉尘浓度为

$$c_o = \frac{(G_1 - G_2) \times 60}{L_o \tau} \quad (2-78)$$

式中 c_i、c_o——除尘器进口、出口粉尘浓度，g/m³；

L_i、L_o——除尘器进口、出口风量，m³/h；

G_1、G_2——喂尘量及收尘量，g；

τ——喂灰时间，min。

4. 除尘效率计算

除尘器全效率的测定采用质量法，只需测出进入除尘器的粉尘质量和除尘器收集的粉尘质量，即可按下式计算其全效率，即

$$\eta = \frac{G_2}{G_1} \times 100\% \tag{2-79}$$

四、实验设备

本实验装置如图 2-30 所示，从双钮线型进风口进入的空气与发尘装置产生的粉尘形成含尘气体，由风管进入系统，通过旋风除尘器将粉尘从气体中分离，净化后的气体由风机经过排气管排入大气。含尘气体由发尘装置配置。

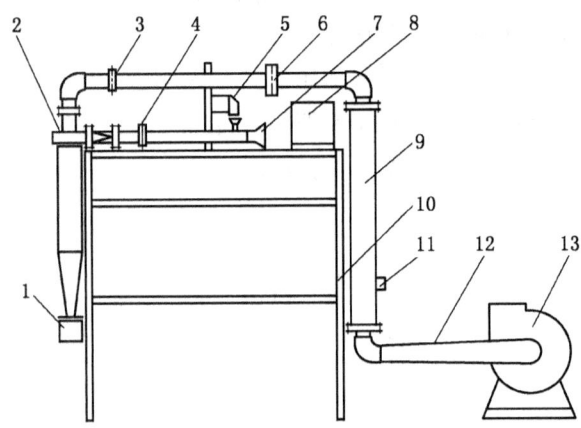

1—接灰斗；2—旋风除尘器；3—出口测压点；4—进口测压点；5—发尘装置；6—孔板流量计；
7—进风口；8—控制板；9—毕托管测风道；10—固定架；11—毕托管测试点；12—风机进口软管；13—引风机

图 2-30 旋风除尘器性能测定实验装置

五、实验方法及步骤

1. 风量的测定或调定

测定除尘器的处理风量时，首先用压差变送器测定孔板流量计处的负压值，然后利用式（2-70）即可求得。

本实验在测定除尘器的阻力、除尘效率与负荷的关系时，建议采用的除尘器进口风速（v_i）分别为 12 m/s、15 m/s、18 m/s、21 m/s。根据除尘器的流量测试方法和相应尺寸可以计算在上述进口风速下的实验风量。随后利用式（2-71）反求出相应的 p_d 值以及微压计的控制读值。调节风机进口阀门开启度，使进口流量管处的微压计读值达到该控制值。此时，实验风量和进口风速即已调定为要求值。

2. 测定除尘器阻力与负荷的关系

（1）按上述方法调定除尘器实验风量后，利用除尘器前后静压孔测定该进口风速下除尘器的静压差 Δp_j。

(2) 用 $\dfrac{v_i^2 \rho}{2}$ 计算进口风速 v_i 对应的进口动压值。

(3) 根据实验风量和除尘器前、后管径，计算除尘器前、后管内风速、动压和动压差 Δp_d。动压差可按下式计算：

$$\Delta p_d = p_{d1} \left[1 - \left(\dfrac{d_1}{d_2} \right)^4 \right] \tag{2-80}$$

式中　　Δp_d——除尘器前、后动压差，Pa；

　　　　p_{d1}——除尘器前测压断面处的动压，Pa；

　　d_1、d_2——除尘器前、后直管的管径（实测），m。

(4) 计算包括除尘器前、后附加阻力 $\sum \Delta p_f$（包括直管段、变径管、弯头）的全压差 $\Delta p'_q$（$\Delta p'_q = \Delta p_j + \Delta p_d$）。

(5) 用式（2-72）求得除尘器的阻力，进而用式（2-76）求得除尘器的阻力系数。

(6) 通过调节风门开度改变进口风速（或风量），重复上述实验步骤。直至完成 4 种不同进口风速下的除尘器阻力系数和阻力的测定。

(7) 将得到的数组（v_i，Δp）或（Q，Δp）描绘在以进口风速 v_i（或风量 Q）为横坐标、以阻力 Δp 为纵坐标的坐标图上，平滑连接各点得到 Δp-v_i 曲线，即为除尘器阻力与负荷的关系曲线。

3. 测定除尘器全效率与负荷的关系

(1) 按上述方法调定进口风速后，称取不少于 1000 g 的实验粉尘 G_1。

(2) 待启动发尘器的引风机后，将所称取的粉尘加入发尘器灰斗中，同时启动振动电机。发尘浓度预先调好，控制除尘进口含尘浓度 5~8 g/m³。

(3) 发尘完毕后，顺次停止振动开关，约 1 min 后停止风机。

(4) 风机停转后打开灰斗，收集灰斗中粉尘并称重，即得 G_2。

(5) 根据式（2-79）计算该进口风速下的除尘器全效率。

(6) 改变进口风速，重复上述步骤（1）~（5），测得各种进口风速下的除尘器全效率。注意：测定除尘器阻力与负荷的关系与测定除尘器全效率与负荷的关系可结合起来进行，即每测定一次风量，先在空态情况下测定阻力，然后测定该工况下的除尘全效率。

(7) 经 4 次测定后，画出除尘器全效率随除尘器进口风速的变化曲线（η-v_i 曲线）。

六、实验数据的整理

(1) 简述实验原理及过程。

(2) 各种数据的原始记录。

(3) 整理实验测试数据，写出实验报告。

第十七节　制冷机性能测定

一、实验目的

(1) 了解制冷系统的组成。

(2) 测定制冷机标准工况（或空调工况）下的制冷量、功率和制冷系数。
(3) 分析影响制冷机性能的因素。

二、实验原理

本实验采用具有第二制冷剂的电量热器法。电量热器是间接测定产冷量的一种装置，其原理是利用电加热器发出的热量来抵消压缩机的制冷量。电量热器是一个密闭容器，其顶部装有制冷剂系统的蒸发盘管，底部存有一种容易挥发的第二制冷剂 R11，电加热器浸没在第二制冷剂中。实验时，电加热器加热第二制冷剂，使之蒸发。第二制冷剂饱和蒸汽在顶部蒸发盘管的外表面被冷凝，又重新回到底部。而蒸发盘管中的低压液态制冷剂被第二制冷剂蒸汽加热而汽化，返回制冷压缩机。在实验工况下达到稳定运行时，电加热器的加热量正好抵消制冷量，从而使第二制冷剂的压力保持不变。本实验系统原理图如图 2-31 所示。

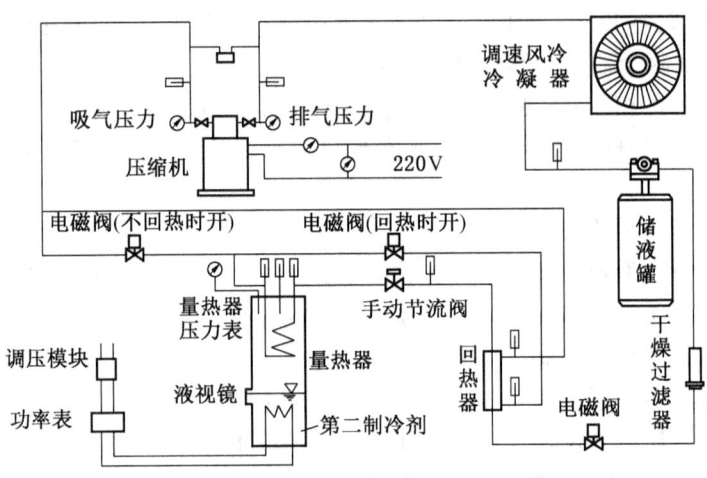

图 2-31 制冷机性能测定实验系统原理图

三、实验装置

本实验装置由被测制冷压缩机、吸气压力表、排气压力表、高低压保护开关、风冷冷凝器、储液器、干燥过滤器、回热器、手动节流阀、电量热器（第二制冷剂采用 R11）、电接点压力表、数显电加热功率表、电压表、电流表、Pt100 铂电阻温度传感器、万能信号输入巡检仪、功率调节及开关组等组成。

功率调节时应从小至大小幅度缓慢调节，这一操作要点应特别注意。

四、实验步骤

1. 实验前准备

预习实验指导书，详细了解实验装置及各部分的作用；检查、熟悉各测试仪表的安装位置；熟悉所测参数及其作用；了解和掌握制冷系统的操作规程；熟悉制冷工况调节方法。

2. 启动制冷压缩机

(1) 检查电源、各点连接是否正常（一般由指导教师进行）。

(2) 检查制冷系统各阀门是否正常，即压缩机排气阀必须打开，吸气阀处于开启状态。检查工况电磁阀处于何种设定状态。

(3) 启动被测制冷压缩机，并逐渐开启供液手动节流阀。检查制冷系统各部件运转情况，即排气压力、吸气压力、蒸汽压力是否正常，否则应调节设定参数。

(4) 要始终观察制冷系统各部件运转情况。

3. 量热器投入运行

打开量热器加热开关，调解加热调节旋钮，初步按压缩机铭牌输入功率 2~3 倍的功率加热，观察排气压力、吸气压力、第二制冷剂蒸汽压力、各点温度等，逐步调整相关参数至设定稳定工况。

4. 调节稳定工况

(1) 压缩机排气压力是通过改变风冷冷凝器风机的转速，改变冷凝温度。

(2) 吸气压力通过供给电量热器蒸发盘管的制冷剂流量的手动调节阀来调节，调节时应由小到大逐渐进行。

(3) 压缩机的吸气温度是通过改变供给第二制冷剂的电加热功率来调节。调节时应由小到大逐渐调节，否则会过压保护停机。停机后不能马上开机，需 15 min 以后或压力平衡后再开机。

5. 测定并记录数据

(1) 测定蒸发压力 P_e、冷凝压力 P_c、排气温度 t_3、再冷温度 t''_6（t''_7）、节流阀后温度 t_5、出蒸发器温度 t''_1、吸气温度 t_1、室内环境温度 t_a、量热器内压力 p。

(2) 测读量热器的电功率 W。

(3) 测读电动机的输入电流和输入电压，以计算压缩机耗功率 N。

(4) 待 3 次记录数据均在稳工况要求范围内，该工况测试即可结束。改变工况，重复上述实验。

五、制冷压缩机的制冷量 Q 及制冷系数 ε

$$Q = (W + \Delta Q_2) \frac{h_1 - h_7}{h''_1 - h''_7} \cdot \frac{v'_1}{v_1} \tag{2-81}$$

式中 Q——制冷量，kW；

W——供给电量热器的功率，kW；

h_7——在规定的再冷温度下，节流阀前液态制冷剂的比焓，kJ/kg；

h_1——在压缩机规定吸气温度，吸气压力下制冷剂蒸汽的比焓，kJ/kg；

h''_1——在实验条件下，离开蒸发器制冷剂蒸汽的比焓，kJ/kg；

h''_7——在实验条件下，节流阀前液态制冷剂的焓值，kJ/kg；

v'_1——在压缩机实际吸气温度、吸气压力下，制冷剂蒸汽的比容，m³/kg；

v_1——在压缩机规定吸气温度、吸气压力下，制冷剂蒸汽的比容，m³/kg；

ΔQ_2——电量热器热损失，kW。

$$\Delta Q_2 = KA(t_a - t_s) \tag{2-82}$$

式中 t_a——实验时周围环境平均温度,℃;

t_s——实验时,与第二制冷剂压力所对应的平均饱和温度,℃;

KA——漏热系数(室温 16℃时标定,$KA=3.5$ W/℃)。

$$\begin{cases} \varepsilon = \dfrac{Q}{N} \\ N = IV\eta \end{cases} \tag{2-83}$$

式中 N——压缩机耗功率,kW;

I、V——电动机输入电流和输入电压;

η——压缩机的效率(取 0.95)。

六、实验数据记录及整理

在实验过程中,测试及记录实验所测得的数据,一种工况下取 3 次读数的平均值作为计算数据。实验数据及计算结果填入表 2-26。

表 2-26 制冷机性能测定实验数据记录及整理表

	项 目	序 号		
		1	2	3
实验条件	加热功率/kW			
	量热器出口温度/℃			
	电动机输入电流/A			
	电动机输入电压/V			
	制冷剂蒸汽的比焓 $h''_1/(\mathrm{kJ \cdot kg^{-1}})$			
	节流阀前温度/℃			
	节流阀后温度/℃			
	节流阀前制冷剂的比焓 $h''_7/(\mathrm{kJ \cdot kg^{-1}})$			
	吸气温度/℃			
	吸气温度下制冷剂蒸汽的比容 $v'_1/(\mathrm{m^3 \cdot kg^{-1}})$			
规定条件	吸气温度下制冷剂蒸汽的比焓 $h_1/(\mathrm{kJ \cdot kg^{-1}})$			
	再冷温度下节流阀前制冷剂的比焓 $h_7/(\mathrm{kJ \cdot kg^{-1}})$			
	吸气温度下制冷剂蒸汽的比容 $v_1/(\mathrm{m^3 \cdot kg^{-1}})$			
实测值	制冷压缩机的制冷量 Q/kW			
	压缩机耗功率/kW			
	制冷系数 ε			

七、实验报告编写

(1)实验目的、实验原理、实验步骤。

(2)给出实验记录表及计算结果。

(3)根据实验结果分析影响压缩机性能的主要因素。

(4) 提出实验存在的问题及实验改进的合理化建议。

第十八节 锅炉自然水循环观测实验

一、实验目的

(1) 认识和理解锅炉自然水循环的基本原理。
(2) 观察在自然循环条件下，平行并列管中汽液两相的流动状态。
(3) 观察在不同热负荷下，平行并列管内流动现象的差别。
(4) 认识和了解自然循环中的常见故障——停滞与倒流的现象。

二、实验原理

自然循环锅炉中的循环动力是靠上升管与下降管之间压力差来维持的，其简单回路如图 2-32 所示，它由上锅筒（汽包）、下集箱、上升管和下降管组成。上升管受热，工质随温度升高而密度变小；或在一定的受热强度及时间下，上升管会产生部分蒸汽，形成汽水化合物，从而使上升管工质密度大大降低。这样，不受热的下降管工质密度与上升管工质密度存在一个差值，依靠这个密度差产生的压差使上升管的工质向上流动，下降管的工质向下流动进行补充，这便形成了循环回路。只要上升管的受热足以产生密度差，循环便会不止。

循环回路是否正常，将影响到锅炉的安全运行。如果是单循环回路（只有一根上升管和下降管），由上升管上升至气泡的工质将由下降管中完全得到补充，使上升管得到足够的冷却，因而循环是正常的。但锅炉的水冷却并非由简单的回路各自独立而组成，而是由上升管并排组成受热管组，享有共同的汽包、下降管、下集箱。如图 2-33 所示，这样组成的自然循环比单循环具有更大的复杂性，各平行管之间的循环相互影响，在各管受热不均匀的情况下，一些管子将出现停滞、倒流现象。

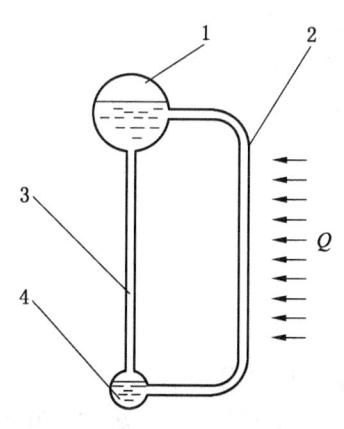

1—汽包；2—上升管；3—下降管；4—下集箱

图 2-32 简单循环回路示意图

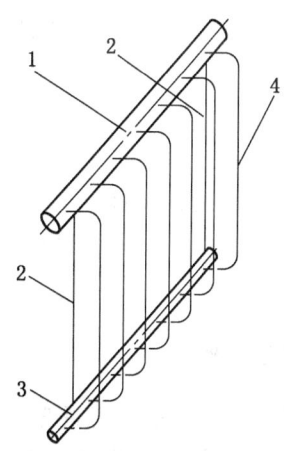

1—汽包；2—下降管；3—下集箱；4—上升管

图 2-33 列管复合循环回路

循环停滞是指在受热弱的上升管中,其有效压头不足以克服下降管的阻力,使汽水混合物处于停滞的状态或流动得很慢,此时只有气泡缓慢上升,在管子弯头等部位容易产生气泡的积累,使管壁得不到足够的水膜来冷却,而导致高温破坏。

循环倒流是指原来工质向上流的上升管,变成了工质自上而下流动的下降管。产生倒流的原因是在受热弱的管子中,其有效压头不能克服下降管的阻力所致。如倒流速度足够大,也就是水量较多,则有足够的水来冷却管壁,管子仍能可靠地工作。如倒流速度很小,则蒸汽泡受浮力作用可能处于停滞状态,容易在弯头等处积累,使管壁受不到水的冷却而过热损坏。这两种循环破坏都是锅炉运行中应该避免的。

三、实验装置

本实验装置整体结构图如图 2-34 所示,每一上升管都缠有加热电热丝,电热丝的电压可由调压器调节,从而实现调节每根上升管的加热程度。每一管组分别装配一个功率调节器。实验时,充水到汽包中心线上。接上电源,加热一定时间后,使管组 2 的调压器调到较高的刻度,其他管组调到适度的位置,便可以观察到停滞与倒流的现象。

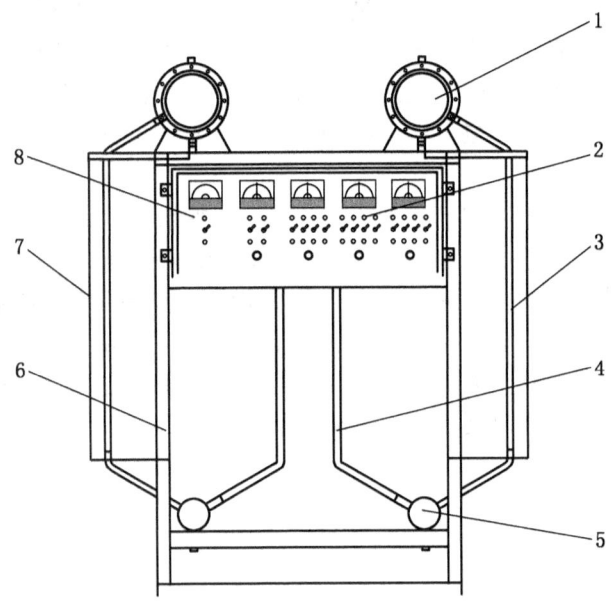

1—汽包;2—加热控制开关组;3—上升管;4—下降管;5—下集箱;6—固定架;7—保护板;8—总电源开关

图 2-34 锅炉水循环实验装置整体结构图

四、实验步骤

(1) 使用前,检查上锅筒中的水位,如水位不够,应适量添加。

(2) 先将各调压器调至零位,检查电路和仪表无异常情况后,将各加热开关接通。

(3) 接通三相电源,打开总电源开关。

(4) 将 3 个调压器逐步调至 220 V 左右,加热约 30 min 直至系统进入沸腾状态。此时可以从上升管和下降管中观察到正常的自然水循环状态,所有的上升管中的水向上流动,而下降管中的水则向下流动。在沸腾剧烈时，可以看到管中产生柱状和弹状气泡的水、汽流动状态。

（5）为了能够在水循环系统中演示常见的故障——停滞和倒流现象，在上述实验工况下，可采用3种方案来模拟一些上升平行管的受热不均匀情况，从而可能在受热弱的上升管中产生并观察到上述故障现象。

（6）实验结束后，将所有调压器调至零位，并断开总电源。

五、实验报告编写

（1）简要说明实验目的、实验原理、实验操作。
（2）给出实验观测现象及分析、结论。
（3）提出实验存在的问题及实验改进的合理化建议。

第十九节 燃气快速热水器热工性能测试

一、实验目的

（1）了解燃气快速热水器的结构及工作原理。
（2）掌握测定燃气快速热水器的热负荷、热效率的基本方法。
（3）掌握对燃气快速热水器的热工性能测试技术。

二、实验原理

燃气快速热水器是专门制取生活热水的设备。其结构比较复杂，它本身无储水容积，要求控制性能好，安全可靠。其原理是冷水经燃气快速热水器的受热面，吸收燃气燃烧产生的热量，使冷水温度升高至要求的温度并保持相对稳定，连续供应热水。由于燃气快速热水器结构紧凑，受热面又大，所以其热效率比较高。

1. 热流量（热负荷）

燃气热水器的热流量（热负荷）是指单位时间内热水器使用的燃气燃烧所放出的热量。其表达式为

$$\varPhi_c = F \frac{V_2 - V_1}{\tau} Q_c \tag{2-84}$$

式中　　$\varPhi_c$——热流量，kW；
　　V_1、V_2——流量计的初、终读数值，m^3；
　　　　τ——计量时间，h；
　　　　Q_c——测试时采用的基准干燃气的低位发热量，$MJ/(N \cdot m^3)$；
　　　　F——燃气体积修正系数。

2. 热效率

热效率是表示热能的利用率。燃气快速热水器的测试热效率为

$$\eta = \frac{单位时间内水所吸收的热量}{单位时间内燃气燃烧所放出的热量} \times 100\% \tag{2-85}$$

$$\eta = \frac{Gc(t_2 - t_1)}{F(V_2 - V_1)Q_c} \times 100\% \qquad (2-86)$$

式中 G——测试时间τ内的热水重量，kg；

c——水的比热，取 0.0041861 MJ/(kg·℃)；

t_1——进口冷水温度，℃；

t_2——出口热水温度，℃。

3. 热水产率

热水产率是指单位时间内的热水产量。燃气热水器的额定产率是燃气在额定压力下燃烧，压力 98kPa 的冷水流过热水器，温度升高 25 ℃时每分钟的热水量。其表达式为

$$g = \frac{60M}{\tau} \qquad (2-87)$$

式中 g——热水产率，L/min；

M——测试时间内的热水体积，L；

τ——测试时间，s。

三、测量仪器及系统

1. 测量仪器

温度计或传感器 3 支；湿式燃气表 1 台；U 形压力计 1 支；快速燃气热水器 1 台；秒表 1 块；水桶 2 只；天平 1 架（量程 10 kg，最小分度值 5 g）；精密压力表 1 块（量程 0~1.0 MPa）；烟气分析仪 1 台。

2. 测量系统

如图 2-35 所示，燃气通过燃气调压器、阀门进入流量计（使用干式煤气表时，表前不使用加湿器），燃气压力在 U 形压力计上显示。燃气经过计量，进入快速热水器与氧混合燃烧放出热量，生成烟气通过排烟系统排出。

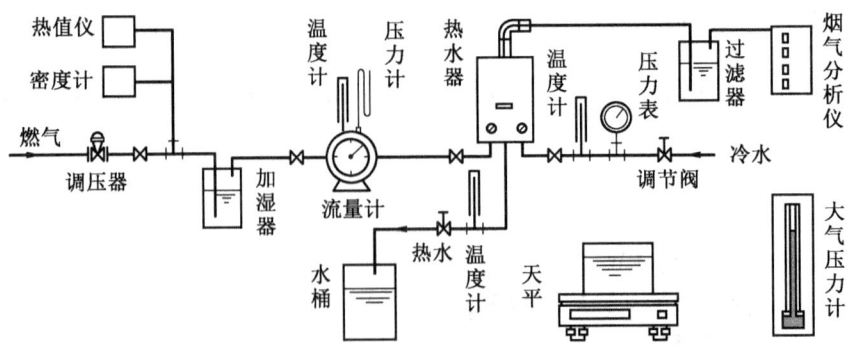

图 2-35 燃气热水器测量系统示意图

冷水阀门既起到开启作用，又起到水压调节作用。冷水经过阀门调节到额定压力后进入热水器，加热后流出热水器。进、出口水温由进、出口温度计测出。

四、实验步骤

（1）熟悉热水器的使用方法。
（2）测量室内温度及大气压力。
（3）打开热水器进水总阀门及水气联动阀到最大，点燃热水器使之正常燃烧再调节进水阀门使进水压力为额定压力。
（4）把燃气压力调至额定压力并记下压力值。
（5）转动水温调节阀，使出、进水温差达到 25 ℃左右。
（6）观察进出口水温，在温度变化不大且较稳定后开始测试。
（7）待湿式燃气表指向一整数时开始计时，并同时用水桶接水，读取进口水温。
（8）热水温度每隔 15 s 读取 1 次。
（9）在秒表指针到 1 min 时，迅速停止接水，并记下燃气流量计的数值，同时记下体积（测试时间也可以大于 1 min，最好取 1 min 的整数倍）。
（10）称热水重量并用量桶量出热水体积。
（11）重复上述过程，进行第二次实验。

五、实验数据记录及整理

（1）数据记录及整理表见表 2-27。
（2）计算燃气体积修正系数 F。
（3）实验误差分析：

热负荷偏差为

$$热负荷偏差 = \frac{实测热负荷 - 设计热负荷}{设计热负荷} \times 100\%$$

热效率为

$$\eta \geqslant 80\%$$

实测热水产率与设计值比率为

$$比率 = \frac{实测值 - 设计值}{设计值} \geqslant 90\%$$

六、实验报告编写

（1）简要说明实验目的、实验原理、实验步骤。
（2）给出实验记录表，得出计算结果并进行误差分析。
（3）根据实验结果，分析影响燃气热水器性能的主要因素。
（4）提出实验存在的问题及实验改进的合理化建议。

表 2-27 数据记录及整理表

名称	项目	实验次数		平均值
		第一次	第二次	
热负荷	测试时间 τ/s			
	流量计初读值 V_1/m^3			

表 2-27(续)

名称	项目	实验次数		平均值
		第一次	第二次	
热负荷	流量计终读值 V_2/m^3			
	热负荷 Φ_c/kW			
热效率	热水重量 G/kg			
	平均温升 $\Delta t/℃$			
	热效率 $\eta/\%$			
热水产率	热水体积 M/L			
	热水产率 $g/(L \cdot min^{-1})$			

第二十节 洁净度等级测试实验

一、实验目的

(1) 了解不同空气环境中空气污染物的状况。
(2) 会确定测试环境的洁净度等级。
(3) 掌握激光尘埃粒子计数器的使用方法。

二、实验原理

激光尘埃粒子计数器基本原理是光学传感器的探测激光经尘埃粒子散射后被光敏元件接收并产生脉冲信号,该脉冲信号被输出并放大,然后进行数字信号处理,通过与标准粒子信号进行比较,将对比结果用不同的参数表示出来。空气中的微粒发生光散射,光散射和微粒大小、光波波长、微粒折射率及微粒对光的吸收特性等因素有关。微粒散射光的强度随微粒的表面积增加而增大。测定散射光的强度就可推知微粒的大小,粒子产生的散射光强度很弱,是很小的光脉冲,通过光电转换器的放大功能把光脉冲转化为信号幅度较大的电脉冲,然后再经过电子线路的进一步放大和甄别,从而完成对大量电脉冲的计数工作。此时,电脉冲数量对应于微粒的个数,电脉冲的幅度对应于微粒的大小。这就是光散射式激光尘埃粒子计数器的基本原理,其测试原理图如图 2-36 所示。

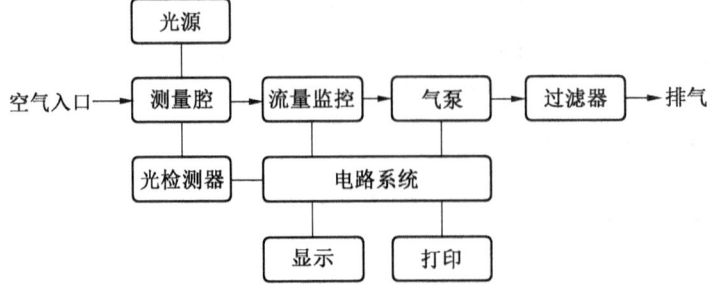

图 2-36 计数器的测试原理图

三、实验装置

本实验装置如图 2-37 所示。其系统主要由光源、测量腔、光检测器、流量监控、气泵、过滤器及电路系统组成。

图 2-37 激光尘埃粒子计数器

1. 光源

光源是尘埃粒子计数器的关键部件,对仪器的性能影响很大。光源要求稳定性高、寿命长、不受干扰。光源有普通光源和激光光源两种。普通光源为碘钨灯,体积大、发热量高、寿命短,开机后需要预热。激光光源为激光器,体积小、稳定性高、寿命长,常与检测腔及光检测器做成一体,组成传感器。采用普通光源的尘埃粒子计数器对 0.13 μm 以下的微粒信号响应很低,此类仪器适于测定大于 0.13 μm(特别是 0.15 μm 以上)的微粒。由于激光的单色性好,光能量集中稳定,所以采用激光光源的尘埃粒子计数器,其传感器有较高的信噪比,此类仪器有些能检测到 0.11 μm 的微粒。

2. 测量腔

测量腔是进行微粒观测的空间,被采集的空气要从测量腔内穿过。仪器的光学系统使光源经透镜、狭缝照射到测量腔中,形成一个体积约几个立方毫米的光敏感区。

3. 光检测器

光检测器是将散射光能量转换为电信号的光电转换器件。尘埃粒子计数器中最常用的光检测器是光电倍增管和光电二极管。光电倍增管把光电子放大几万倍后转换成几毫伏到几十毫伏的电信号。光电倍增管工作时需加上几百伏特的负高压,仪器中有相应的高压产生电路,在对仪器进行调试或校准时应注意安全。光电二极管是一种受到光照后能产生电子的半导体元件,具有体积小、外围电路简单的特点,常与检测腔做成一体。

4. 流量监控

国产尘埃粒子计数器常采用转子流量计作流量指示,仪器的流量调节大多数是直接调节转子流量计上的旋钮,仪器的控制电路对流量是没有监控的。进口尘埃粒子计数器通过流量传感器对流量进行监测，通过手动调节或自动反馈调节。尘埃粒子计数器的采样流量一般为 2183 L/min 或 2813 L/min（进口仪器常以"立方英尺每分"为单位，标记为 0.11 cfm 或 1 cfm），主要是为了便于进行符合 Fed-Std-209E 的洁净度的计算。大流量的采样（2813 L/min）更能准确地反映空气的洁净状况，但最大采样浓度降低。

5. 气泵及过滤器

气泵位于仪器内部，使仪器产生采样流量。气泵要求噪声低、振动小、产生的气流稳定。过滤器应能过滤掉 0.13 μm 以上的微粒，以免从仪器排出的空气对洁净区产生影响。

6. 电路系统

不同粒径大小的粒子经尘埃粒子计数器的光电系统转换后，会产生不同幅度（电压）的电脉冲信号，粒径越大，脉冲电压越高。信号电压与粒径之间的关系，又叫转换灵敏度。对于给定的尘埃粒子计数器，粒径大小与脉冲电压是一一对应的，例如某台尘埃粒子计数器的转换灵敏度为 0.13 μm 对应 69 mV，0.15 μm 对应 531 mV，110 μm 对应 701 mV 等，若尘埃粒子计数器检测到一个脉冲为 100 mV，则这个粒子的大小肯定大于 0.13 μm 而小于 0.15 μm。尘埃粒子计数器是测量大于等于某一粒径的粒子数量的仪器，其内部电路就是统计大于等于某一电压值的脉冲数量的电路。对于上段中的例子，测量空气中大于等于 0.13 μm 粒子的数量，在电路中就是统计大于等于 69 mV 的脉冲的个数，测量大于等于 0.15 μm 粒子的数量，在电路中就是统计大于等于 531 mV 的脉冲的个数，依次类推。所以，仪器对尘埃粒子的测量，主要靠转换灵敏度这个参数。另外需要说明的是，每台尘埃粒子计数器的转换灵敏度均不同，在出厂时及以后须定期用标准粒子进行校准，以获得最佳转换灵敏度值。电路系统就是完成对脉冲信号的放大、甄别、计数的电路，此外还包括电源、控制、显示、计算、打印等电路。

四、功能键介绍

"确认"键：仪器进入图 2-38 所示状态，当●在"数据测量"时，按此键进入图 2-39 所示状态；当●在图 2-38 所示其余情况下，此键为参数设定"开始"及"结束"键的功能。在图 2-38 所示状态时，此键为采样数据存储"开关"键，令 S 为 ON 或者 OFF。

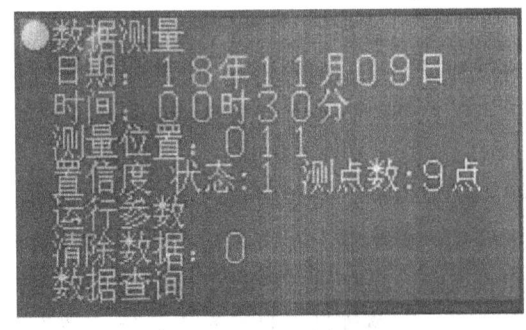

图 2-38 参数设置界面

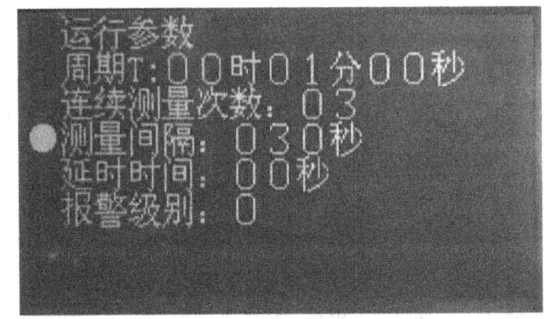

图 2-39 数据测量界面

"退出"键：仪器由测量界面退回到参数设置界面。由查询状态退回到参数设置界面。

"复位"键：重新开始一个周期的采样。

"采样"键：采样泵开或关，画面显示 F：2.83 L/min 或者 0.00 L/min。

"打印"键：打印状态的开或关，画面显示 P 为 OFF 或 ON。当测量数据显示方式为浓度时打印浓度，其他情况下，打印对应周期内的粒子数。

"模式"键：在测量界面下，若采样泵打开，此键实行 3 种显示状态之间的转换，★表示观察状态，W 为 ON，粒子数不断累加，直至采样周期结束，重新开始新的周期。★W 表示 OFF，显示上一周期内总采样粒子数。若采样泵不打开，此键只能实行两种显示状态间的转换，即观察状态关闭。

"▲"键：在参数设置界面，令●上移；另一功能是改变需要修改的参数值。在测量界面，其功能是向上翻看存储的历史数据。

"▼"键：在参数设置界面，令●下移；另一功能是移动下划线至需要修改的参数处。在测量界面，其功能是向下翻看存储的历史数据。

五、实验参数

（1）外形尺寸：130 mm×220 mm×45 mm（宽×深×高）。
（2）质量：0.6 kg。
（3）最大功耗：10 W。
（4）供电电源：直流电源 8.4 V。
（5）粒径通道：0.3、0.5、1、3、5、10（μm）。
（6）采样流量：2.83 L/min。
（7）使用环境条件：温度为 10~30 ℃；湿度为 20%~75%；大气压力为 86~106 kPa。
（8）允许最大采样浓度：35000 pc/L（尘埃颗粒粒径不小于 0.5 μm），采样空气中不得含有酸碱等腐蚀性气体。
（9）自净时间：不超过 10 min。

六、实验步骤

（1）打开电源开关，按"确认"键将屏幕调至图 2-38 所示的数据测量界面，观看电池符号，若电池电量不足，则将电源适配器插入"电源插座"给电池充电，同时仪器也可正常操作使用。

（2）开机预热 1 min 左右。

（3）过滤器自净口与采样口相连，按"确认"键两次进入数据测量界面，按"采样"键，使仪器自净清零。

（4）将采样头接在"采样口"处。

（5）在参数设置界面下按"▲""▼""确认"键，设定所需工作参数。若数据库清零，将光标移至数据清零处，按"▲"键令数字由"0"改成"5"，然后按"确认"键，数字变成"9"即可。若不修改工作参数，直接按"确认"键进入测量界面。

（6）按"确认"键进入测量界面后，按"采样"键，打开泵源进行采样测试，采集数据。若采样结果理想，则按"确认"键，令液晶屏下方"Rec"为 ON，存贮采样数据，否则就按"确认"键，令"Rec"为 OFF。按"模式"键，转换显示方式。按"▲""▼"键，在第一、第三状态可翻动观察以前某周期采样记录。再按"采样"键，则为关。

(7) 在测试界面时,若需改变工作参数,按"退出"键退回到参数设置状态进行。

七、洁净度等级计算

根据测试得到的室内污染物浓度值,计算室内空气洁净度等级 N。

$$C_n = 10^N \times \left(\frac{0.1}{D}\right)^{2.08} \tag{2-88}$$

式中　C_n——被考虑粒径的空气悬浮粒子最大允许浓度,pc/m³。C_n 是以四舍五入至相近的整数,通常有效位数不超过三位数;

N——分级序数,数字不超过 9,分级序数整数之间的中间数可以作规定,N 的最小允许增量为 0.1;

D——被考虑的粒径,μm;

0.1——常数,μm。

选不同地点测试,并记录到表 2-28 中。

表 2-28　洁净度等级测试数据记录表

测试地点	测试点	周期 1	周期 2	周期 3	平均值/(pc·m⁻³)
甲地	1				
	2				
	3				
乙地	1				
	2				
	3				
丙地	1				
	2				
	3				

八、误差分析

(1) 分析误差来源。
(2) 说明避免或减小误差的方法。

第二十一节　袋式除尘器性能测定

一、实验目的

(1) 通过实验,进一步提高对袋式除尘器结构形式及除尘器机理的认识。
(2) 掌握袋式除尘器除尘主要性能的测定方法和除尘效率的计算方法。
(3) 了解过滤风速对袋式除尘器压力损失和除尘效率的影响。

二、实验原理

袋式除尘器是一种干式的高效除尘器，它利用纤维织物的过滤作用进行除尘。对 1.0 μm 的粉尘，效率高达 98%~99%。过滤袋通常做成圆柱形，袋式除尘器在冶金、水泥、化学、陶瓷、食品等不同的工业部门得到广泛应用。由于袋式除尘器的除尘效率高，净化空气的含尘浓度能达到卫生标准的要求，可以直接返回再循环利用，以节省能源。

袋式除尘器是利用棉、毛、人造纤维等加工的滤料进行过滤灰尘。含尘气体进入除尘器内，在滤袋表面将尘粒分离捕集。净化后的空气透过滤袋从排气筒中排出。滤布本身的网孔较大，一般在 20~50 μm，表面起绒的滤布网孔为 5~10 μm。因此，新滤袋的除尘效率并不高，对 1 μm 的尘粒其除尘效率只有 40% 左右（图 2-40）。

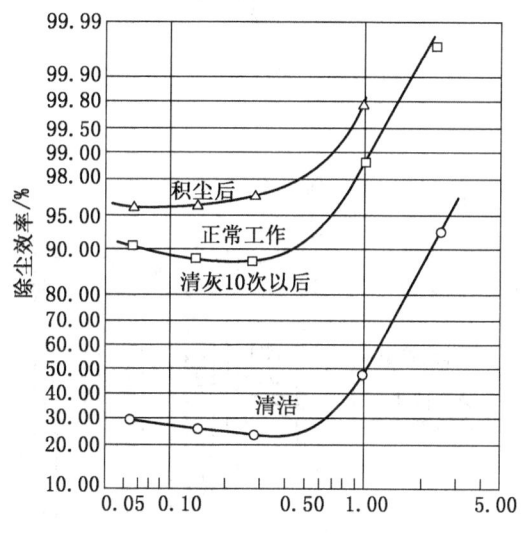

图 2-40 某袋式除尘器分级效率曲线

含尘气体通过滤布时，随着它们深入滤布内部，使纤维间空间逐渐减小，最终形成附着在滤布表面的粉尘层（称为初层），袋式除尘器的过滤作用主要是依靠这个初层及逐渐堆积起来的粉尘层进行的（图 2-41）。

这时的滤布只是起着形成初层和骨架支持作用。因此，即使网孔较大的滤布，只要设计合理，对 1 μm 左右的尘料也能得到较高的除尘效率。随着粉尘在滤袋上的积聚，滤袋两侧的压差增大，粉尘层内部的空隙变小，空气通过滤布孔眼时的流速增高。这样会把黏附在缝隙间的尘粒带走，致使除尘效率下降。另外，阻力过大，会使滤袋易于损坏，通风系统风量下降。因此，除尘器运行一段时间后，要及时进行清灰。清灰时不能破坏初层，以免效率下降。本实验台滤布为表面起绒的绒布，透气性及净化效率高。

三、实验装置

本实验装置由发尘、除尘、清灰、引风、控制及阻力测量等系统组成（图 2-42）。

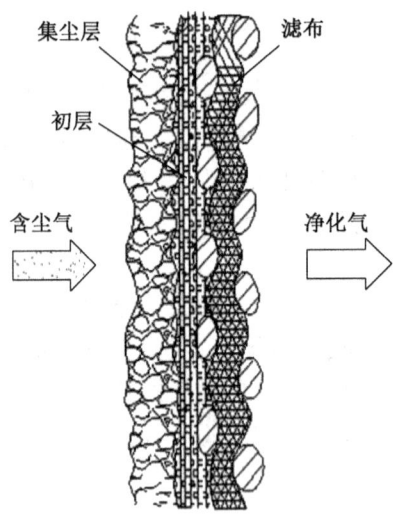

图 2-41 滤料的过滤作用

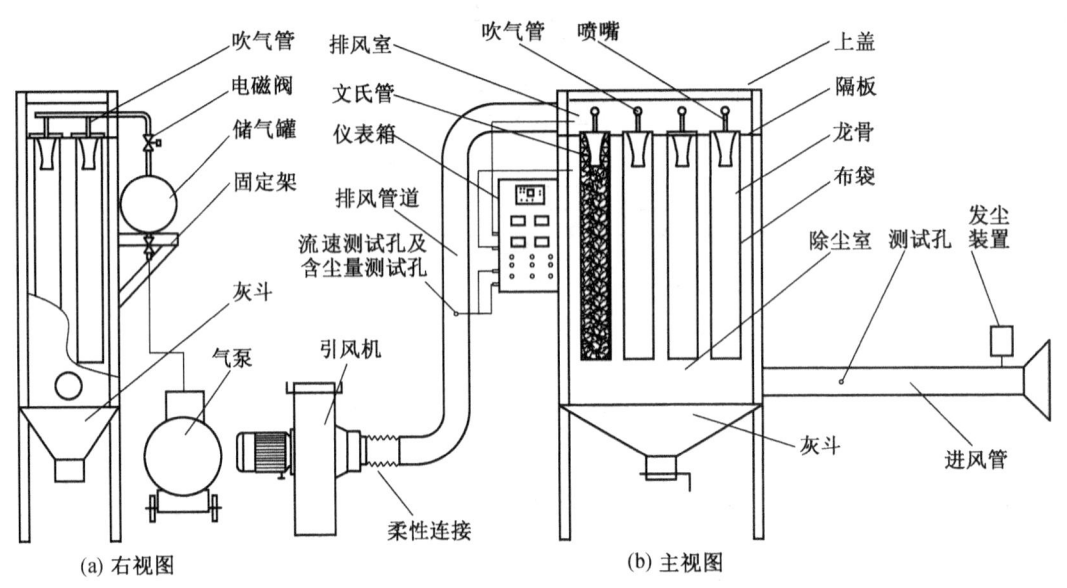

(a) 右视图　　(b) 主视图

图 2-42 袋式除尘器试验装置

发尘装置由灰斗、振动电磁铁、灰量调节门组成。除尘器由除尘室、滤袋、排风室、灰斗组成。含灰气体进入除尘室，灰尘被截留在滤袋表面，清灰后落进灰斗；除尘后的气体经过滤袋进入排风室。清灰系统由空气压缩机、储气罐、电磁阀、配气管、喷嘴、文丘里管组成。储气罐中 0.6 MPa 的压缩空气在电磁阀的控制下，以 0.1~0.2 s 的时间间隔吹向滤袋，以达到清灰的目的。引风系统由风机、调节阀、管道组成。启动风机后，通过风机上的调节阀调整滤速。控制及阻力测量系统由压缩机开关、振动开关、引风机开关、脉冲控制器、微压差传感器、毕托管、巡检显示仪等组成。毕托管测量管段的动压，由微压差传感器采集信号后在巡检仪显示。滤袋（包括含尘层）阻力由除尘室及排风室上的各 4 个取压点取压，由微压差传感器采集信号后在巡检仪显示。4 个脉冲控制器分别控制 4 个电磁阀。脉冲控制器可以设置两次吹灰之间的时间间隔及吹灰的时间。含尘量由含尘浓度测试装置在除尘器进出口上的取样口测试。

四、实验内容

1. 确定袋式除尘器的阻力

1）理论方法确定

袋式除尘器阻力与除尘器结构、滤袋布置、粉尘层特性、清灰方法、过滤风速、粉尘浓度等因素有关。

袋式除尘器阻力为

$$\Delta p = \Delta p_g + \Delta p_0 + \Delta p_c \tag{2-89}$$

式中 Δp_g——除尘器结构阻力，Pa；

Δp_0——滤布本身的阻力，Pa；

Δp_c——粉尘层阻力，Pa。

除尘器结构阻力 Δp_g 是指设备进、出口及内部流道内的挡板等结构构件造成的流动阻力。通常设计为 $\Delta p_g = 200 \sim 500$ Pa。

滤料阻力为

$$\Delta p_0 = \xi_0 \mu \frac{v_F}{60} \tag{2-90}$$

式中 μ——空气的黏度，Pa·s；

v_F——过滤风速（即单位时间每平方米滤布表面积所通过的空气量），m³/(min·m²)；

ξ_0——滤料的阻力系数（棉布 $\xi_0 = 1.0 \times 10^7 \text{m}^{-1}$；呢料 $\xi_0 = 3.6 \times 10^7 \text{m}^{-1}$；涤纶绒布 $\xi_0 = 4.8 \times 10^7 \text{m}^{-1}$），m⁻¹。

滤料上粉尘层阻力为

$$\Delta p_c = \alpha_m \delta_c \rho_c \mu \frac{v_F}{60} = \alpha_m \left(\frac{G_c}{F}\right)\left(\mu \frac{v_F}{60}\right) \tag{2-91}$$

式中 δ_c——滤布上粉尘层厚度，m；

G_c——滤布上堆积的粉尘量，kg；

F——滤布的表面积共有 $\Phi 130 \times 1000$ 的滤袋 8 个，$F = 3.36 \text{ m}^2$，m²；

α_m——粉尘层的平均比阻，m/kg。

α_m 是随粉尘粒径、真密度及粉尘层内部空隙率的减小而增加，即处理粉尘的粒径越细小，Δp_c 越大。

2）过滤风速确定

过滤风速是影响袋式除尘器的重要因素。过滤风速是指单位时间每平方米滤布表面积上所通过的空气量。过滤风速为

$$v_F = \frac{L}{60F} \tag{2-92}$$

$$L = \frac{\pi d^2}{4} K \sqrt{\frac{2p_d}{\rho}} \quad \text{或} \quad L = \frac{\pi d^2}{4} \sqrt{\frac{2K_2 p_d}{\rho}} \tag{2-93}$$

式中　L——除尘器处理风量，m^3/h；
　　　d——毕托管测速处管径，m；
　　　K——毕托管流速系数；
　　　K_2——毕托管动压修正系数（约等于1）；
　　　p_d——毕托管所测动压，Pa；
　　　ρ——气体密度，kg/m^3；
　　　F——过滤面积，m^2。

普通的毕托管只适用于无尘气流的测量，若用于含尘气流，容易堵塞。测量含尘气流动压的S形测压管由两根同样的金属管组成，测量端做成方向相反的两个相互平行开口。测定时，一个开口面向气流，另一个背向气流，由于背向气流的开口上有涡流影响，测出的动压值比实际值大，因此S形测压管在使用前必须校正，求出修正系数。校正方法不同，测压管的修正系数也不同。常用的有流速修正系数（K）和动压修正系数（K_2）两种，使用时必须注意。

流速修正系数为

$$K = \frac{v_0}{v} \tag{2-94}$$

式中　v_0——标准毕托管测出的风速，m/s；
　　　v——S形测压管测出的风速，m/s。

动压修正系数为

$$K_2 = \frac{p_{d0}}{p_d} \tag{2-95}$$

式中　p_{d0}——标准毕托管测出的动压，Pa；
　　　p_d——S形测压管测出的动压，Pa。

不同的S形测压管，修正系数不同。同一根S形测压管在不同的流速范围内修正系数也略有变化。一般在5~30 m/s的流速范围内，对测压管进行校正。

S形测压管开口大，管径粗，减少了被粉尘堵塞的可能性。当流速低时，测量误差大。S形测压管的测量孔具有方向性，两个开口的朝向必须和校正的朝向一致，不能任意颠倒。

3）粉尘量确定

除尘器运行后，滤料上堆积的粉尘量为

$$G_c = \frac{v_F F}{60 \tau y} \tag{2-96}$$

式中　τ——滤料的连续过滤时间，s；
　　　y——除尘器进口处含尘浓度，kg/m^3。

将式（2-94）代入式（2-89）得

$$\Delta p_c = \alpha_m \mu \tau y \left(\frac{v_F}{60}\right)^2 \tag{2-97}$$

除尘器处理的气体及粉尘确定以后，α_m、μ都是定值。粉尘层的阻力取决于过滤风量、气体的含尘浓度和连续运行时间。

4）实测方法确定

在上述理论方法中，粉尘的α_m、v_F等参数不易获得，在本实验中不采用上述理论方法，由于该除尘器的进风管和排风管道的长度不大，结构也不复杂，所产生的阻力可以忽略不计。该除尘器的阻力可以近似地认为是箱体的结构阻力、滤布阻力和粉尘层阻力之和，即

$$\Delta p = \Delta p_g + \Delta p_0 + \Delta p_c \tag{2-98}$$

式中 Δp_g、Δp_0、Δp_c——除尘器箱体结构阻力、滤布阻力和粉尘层阻力，Pa。

在除尘器排风室和除尘室上分别设置测试气体动压的点，通过软接管接入仪表箱，通过数据处理，在仪表显示屏上读取动压差Δp。根据流体力学的知识，可以知道当设备运行稳定后该动压差即为除尘器的除尘阻力。

2. 确定袋式除尘器的除尘效率

1）浓度法确定

含尘浓度法是工程现场常用的方法。在稳定的发尘浓度下，测量除尘器管道进、出口中气流含尘浓度及风量。除尘效率为

$$\eta = \frac{y_1 L_1 - y_2 L_2}{y_1 L_1} \tag{2-99}$$

式中 y_1——除尘器进口处含尘浓度，kg/m^3；

y_2——除尘器出口处含尘浓度，kg/m^3；

L_1——除尘器进口处风量，m^3/h；

L_2——除尘器出口处风量，m^3/h。

当无风量泄漏的情况下，$L_1 = L_2$，则

$$\eta = \frac{y_1 - y_2}{y_1} \tag{2-100}$$

因此，测试出除尘器进风管的含尘浓度（y_1）和排风管的含尘浓度（y_2），即可得出除尘效率η。假设风管的密闭性良好，进风口和出风口的风量相等，只需测试其中一个风量值即可；然后测试进出风口的尘粒数。

除尘浓度的确定方法：在除尘器进风管断面上取多个采样点，通过滤膜采样器采样。在滤膜采样器前有采样管，含尘气流经采样管进入采样装置。考虑到风管断面含尘浓度分布不均匀，必须在风管的测定断面上多点取样，求得平均的含尘浓度。在测定中，不易做到完全等速采样，当采样速度与风管中气流速度误差在-5%～+10%之间时，引起的误差可以忽略不计。为了保持等速采样，常采用的是预测流速法。为了做到等速采样，在测尘前，先要测出风管断面上各测点的气流速度，然后根据各测点速度及采样头进口直径算出各点采样流量，进行采样。

根据采样头进口内径d（mm）和采样点的气流速度v（m/s），即可算出等速采样的抽气量为

$$L = \frac{\pi}{4}\left(\frac{d}{1000}\right)^2 \times v \times 60 \times 1000 = 0.047 d^2 v \tag{2-101}$$

由滤膜采样器测试得到的进出风口的粒子数分别为 p_1、p_2，一般采样时间不少于 1 min，则有 $y_1=p_1/L$、$y_2=p_2/L$，代入式（2-99）即可求出除尘效率。

测压管内气流的含尘浓度分布是不均匀的。在垂直管中，含尘浓度由管中心向管壁逐渐增加。在水平管中，由于重力的影响，下部的含尘浓度较上部大，而且粒径也大。要取得风管中某断面上的平均含尘浓度，必须在该断面进行多点采样。

2）质量法确定

用质量法测定除尘效率是实验室常用的方法。调整好所要求的风速，发尘灰斗内不间断地均匀发尘，直至布袋滤满灰尘且清灰能够有灰尘落入积灰斗。根据所加的粉尘量和除尘器除下的粉尘量，即可计算出除尘效率为

$$\eta = \frac{G_2}{G_1} \qquad (2\text{-}102)$$

式中 G_1——进入除尘器粉尘量，g；

G_2——除尘器除下的粉尘量，g。

用质量法测试除尘效率的时候，为了准确测试布袋式除尘器的效率，测试持续的时间应尽量长一些，即发尘量多一些。相对较大的除尘布袋和设备与较少的发尘量会带来较大的误差，同时不同性质的粉尘、反冲次数等因素也会对结果带来较大的误差，所以在测试时，要严格按照操作要求进行。

五、实验步骤

(1) 实验前先检查电路是否接通，同时关闭出风口风门和发尘装置。

(2) 称量灰斗的质量并记录数值，在称量时尽量保证灰斗处于干净状态。

(3) 称量灰尘 100~200 g 放入发尘装置。

(4) 启动风机和真空泵（真空泵开启后不要再关闭），并逐渐打开出风口风门，风速按照表 2-29 选取。

(5) 待风机运行稳定后，逐渐打开发尘装置上的旋钮并启动发尘电动震动按钮，使尘均匀流出。待运行稳定后，记录显示屏的数据（每次测试记录 3 组，取平均值）。

(6) 发尘器落净约 0.5 min 后，关闭发尘电动震动按钮和引风机，并关闭出风风门。

(7) 启动清灰系统，反冲 5~7 次即可。同一个试验，每次反冲次数要相等。

(8) 关闭清灰系统，称量布袋除掉的灰尘质量。

(9) 重复上面的步骤 3 次，计算出每次的除尘效率，取平均值。

表 2-29 袋式除尘器推荐的过滤风速　　　　　　　　　　　　　　m/min

等级	粉 尘 种 类	清灰方法		
		振打与逆气流联合	脉冲喷	反吸风
1	炭黑[①]、氧化硅（白炭黑）；化装粉；去污粉；奶粉；活性炭；由水泥窑排出的水泥[①]	0.45~0.60	0.80~2.00	0.33~0.45
2	铁[①]及铁合金[①]的升华物；铸造尘；氧化铝[①]；由水泥磨排出的水泥[①]；碳化升华物[①]；石灰[①]；刚玉；安福粉及其他肥料；塑料；淀粉	0.60~0.75	1.50~2.50	0.45~0.55

表 2-29（续） m/min

等级	粉尘种类	清灰方法		
		振打与逆气流联合	脉冲喷	反吸风
3	滑石粉，煤；喷沙清理尘；飞灰①陶瓷生产的粉尘；炭黑（二次加工）颜料；高龄土；石灰石①；矿尘；铝土矿；水泥（来自冷却器）①；搪瓷	0.70~0.80	2.00~3.50	0.60~0.90
4	石棉；纤维尘；石膏；珠光石；橡胶生产的粉尘；盐；面粉；研磨工艺中的粉尘	0.80~1.50	2.50~4.50	—
5	烟草；皮革粉；混合饲料；木材加工的粉尘；粗植物纤维（大麻，黄麻等）	0.90~2.00	2.50~6.00	—

注：①指基本上为高温的粉尘。

六、实验数据记录与整理（表 2-30）

表 2-30 袋式除尘器性能测定实验数据记录与整理表

实验次数	除尘器阻力/Pa	发尘质量/g	除尘质量/g	除尘效率
1				
2				
3				
平均效率				

七、实验报告编写

（1）简述实验原理及过程。
（2）各种数据的原始记录。
（3）实验结果整理后的图表。
（4）结果与误差分析。

第二十二节 管内水流速、流量的测定

一、实验目的

（1）掌握用涡轮流量计测量管内水流量的方法。

(2) 会用电子称重法对流量进行校验，分析其误差。

二、实验原理

采用涡轮流量计测量管内水流量的工作原理：在一定转速下，当被测流体流经涡轮流量传感器时，传感器内的叶轮借助于流体的动能而产生旋转，周期性改变磁电感应转换系统中的磁阻值，使通过线圈的磁通量周期性地发生变化而产生电脉冲信号。在一定的流量范围内，叶轮转速与流体流量成正比，该脉冲信号经放大器放大后送至流量积算仪，进行瞬时流量和积累流量的显示。

电子称重法测流量是一种既原始又准确的方法，即通过测定进入称重水箱的水量及时间，就可计算出测量时间内的平均流量。

圆管内水流速度为

$$v = \frac{Q}{A} = \frac{4Q}{\pi d^2} \tag{2-103}$$

式中　v——管内水流速，m/s；

Q——管内水流量，m³/s；

A——圆管内截面积，m²；

d——圆管内径，m。

三、实验装置

管内水流量的测量装置示意图如图 2-43 所示。

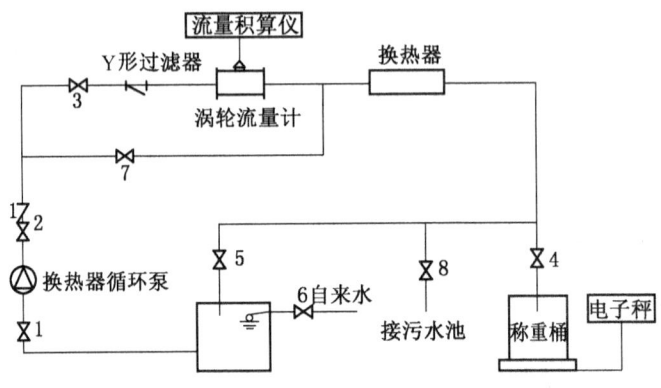

图 2-43　管内水流量的测量装置示意图

四、实验步骤

管内水流量的测量的步骤：

(1) 熟悉有关设备及仪表的使用方法。

(2) 打开上水阀 6 向冷水箱注水，待水注满后，浮球阀自动关闭。

(3) 点动换热器循环泵，检查其转向是否正确。启动换热器循环泵，打开管路阀门 1、2 和 7，关闭阀门 3~5，向系统注水，并经泄水阀 8 将系统中污水排出。待水清洁后停泵，并关闭泄水阀 8 及涡轮流量计的旁通阀 7，打开阀门 3，准备测量管路中的水流量。

（4）启动换热器循环泵，关闭阀门 5，同时打开快开阀门 4、按动控制柜上的称重测量按钮。此时冷水箱中的水经过涡轮流量计后，流经换热器进入称重桶。数秒钟后，立即关闭快开门阀 4。

（5）将称重桶中存水放掉并关闭放水阀，按动称重显示器上的"去皮"键，使显示器指示值为零。

（6）同时，打开快开阀 4 及计时秒表并计下流量数字积算仪上的累积流量初始值，待称重显示器上的指示值达到预定重量时，打开阀门 5 同时关闭快开阀门 4 与计时秒表，并计下流量数字积算仪上累积流量终止值与称重桶重量。将实验数据记在管内水流量测量记录及整理表 2-30 内。

通过改变快开阀 4 的开度来改变管道内的水流量，重复步骤（5）、（6）。

（7）测试结束后，关闭换热器循环泵，打开称重水箱的放水阀。

五、实验数据记录与整理（表 2-31）

表 2-31 管内水流速、流量测量记录及整理表

次数	涡轮流量计数字积算仪						电子称重法			测量误差（以称重为准）
	取样时间	累积流量起始值	累积流量终止值	瞬时流量	平均流量	平均流速	取样重量	平均流量	平均流速	
1										
2										
3										
4										
5										

六、实验报告编写

（1）简述管内水流速、流量测量原理及步骤。
（2）列出实验数据的原始记录及整理表。
（3）对实验结果进行分析。
（4）实验中存在的问题及改进建议。

第三章 实训指导

第一节 常用材料和设备安装基本工具及训练

一、型钢及板材

1. 型钢

型钢是由碳素结构钢和低合金结构钢制成的。在安装工程中，型钢主要用于制作设备框架、风管法兰盘、加固圈，设备基础、小型容器以及管路的支、吊、托架等，常用的型钢种类有扁钢、角钢、圆钢、槽钢和工字钢等。

1) 圆钢

俗称钢筋，常用来制作各种吊杆，有时也来制作吊架和卡环，通常用 Φ 表示直径。

2) 扁钢

扁钢常被用来制作吊环、卡环、加固圈和管道支座等，规格用"宽度×厚度"表示。如 30 mm×5 mm 扁钢。

3) 角钢

角钢用于制作法兰、支架、箱体结构架以及风道加固等。角钢分为等边角钢和不等边角钢，其规格用"边宽×厚度"表示。如 40 mm×4 mm 表示边宽为 40 mm、厚度为 4 mm 的等边角钢；50 mm×40 mm×4 mm 表示边宽分别为 50 mm 和 40 mm、厚度为 4 mm 的不等边角钢，风管法兰及管路支架多采用等边角钢。

4) 槽钢

槽钢主要用于箱体、柜体的结构以及风机等设备的机座、管道支架、支座等，用其高度规格的 1/10 表示型号。

5) 工字钢

工字钢常用于管道支座、支架以及大型结构材料，用其高度的 1/10 表示型号。

2. 板材

1) 钢板

在安装工程中金属薄钢板是应用较多的材料，如制作风管、气柜、水箱及维护结构。普通钢板（黑铁皮）、镀锌钢板（白铁皮）、塑料复合钢板和不锈耐酸钢板等为常用钢板。普通钢板具有良好的加工性能，结构强度较高，且价格便宜、应用广泛。常用厚度为 0.5~1.5 mm 的薄板制作风管及机器外壳防护罩等，厚度为 2.0~4.0 mm 的薄钢板可制作空调机箱、水箱和气柜等。空调、超净等防尘要求较高的通风系统，一般采用镀锌钢板和塑料复合钢板。镀锌钢板表面有保护层，起防锈作用，一般不再刷防锈漆。

钢板按轧制方式分为热轧钢板和冷轧钢板。钢板规格表示方法为"宽度(mm)×厚度(mm)×长度(mm)"。钢板分厚板（厚度>4 mm）和薄板（厚度≤4 mm）两种。

2) 不锈钢板

不锈钢板表面有铬元素形成的钝化保护膜，起隔绝空气、使钢不被氧化的作用。具有较高的强度和硬度，韧性大，可焊性强，在空气、酸及碱性溶液或其他介质中有较高的化学稳定性。在加工和存放过程中都应特别注意，不应使板材的表面产生划痕、刮伤和凹穴等现象，因为其表面的钝化膜一旦被破坏就会降低耐腐蚀性。

在堆放和加工时，应不使表面划伤或擦毛，避免与碳素钢长期接触而发生电化学反应，从而保护其表面形成的钝化膜不受破坏。不锈钢板表面光洁，能耐酸碱气体、溶液及其他介质的腐蚀。所以，不锈钢板制成的风管及部件常用于化工、食品、医药、电子、仪表等工业通风系统和有较高净化要求的送风系统，如印刷行业为了排除含有水蒸气的空气，其排风系统也常使用不锈钢板来加工风管。

3）铝板

铝板有钝铝板和合金铝板两种，用于通风空调工程的铝板以纯铝板为多。铝板质轻、表面光洁，具有良好的可塑造性，对浓硝酸、醋酸、稀硫酸有一定的抗腐蚀能力，同时在摩擦时不会产生火花，常用于制作化工工程通风系统和防爆通风系统的风管及部件。

铝板不能与其他金属长期接触，否则将对铝板产生电化学腐蚀。因此，铆接加工时不能用碳素钢铆钉代替铝铆钉；铝板风管用角钢作法兰时，必须做防腐绝缘处理，如镀锌或喷漆。

4）塑料复合钢板

塑料复合钢板是在普通薄钢板的表面上喷一层 0.2~0.4 mm 厚的软质或半硬质塑料膜。这种复合板既有普通薄钢板的切断、弯曲、钻孔、铆接、咬合、折边等加工性能和较强的机械强度，又有较好的耐腐蚀性能；缺点是使用温度范围不大，常用于防尘要求较高的空调系统和 -10~70 ℃ 的耐腐蚀系统。

5）硬聚氯乙烯塑料板

硬聚氯乙烯塑料板是由聚氯乙烯树脂掺入稳定剂和少量的增塑剂加热制成的。它具有良好的耐腐蚀性，对各种酸碱类的作用均很稳定，但对强氧化剂（如浓硝酸、发烟硫酸）和芳香族碳氢化合物以及氯化碳氢化合物是不稳定的；还具有一定强度和弹性、线膨胀系数小、导热系数较小、便于加工成型等优点。因此，用它制作的风管和风机，常用于输送 -10~60 ℃ 含有腐蚀性气体的通风系统中。

二、管材及管件

管材按其制造材质分为金属管材、非金属管材和复合管材三大类。每种管材的特性与其制造材质和制造工艺有关。管道系统使用的管材，一般根据管内输送介质的性质、温度和工作压力等因素选用。

（一）金属管材及管件

1. 低压流体输送用焊接钢管及管件

1）低压流体输送用焊接钢管

低压流体输送用焊接钢管包括焊接钢管和钢板卷制焊接钢管等。

（1）焊接钢管：又称有缝钢管，材质主要有 Q215A、Q215B、Q235A、Q235B、Q295A、Q345A、Q345B 等碳素钢。焊接钢管是由卷成管形的钢板以对焊、叠边焊或螺旋缝焊接而成，可用于公称压力 $PN \leqslant 1.6$ MPa 的输水管道、煤气管道、消火栓系统和供热及空调管道等系统,是建筑设备安装工程使用最多的管材之一。焊接钢管的力学性能稳定,具有良好的冷、热加工性能,常温下可直接进行电、气焊,具有良好的可焊性。

焊接钢管按表面质量分为镀锌和非镀锌钢管两种,镀锌钢管习惯上称为白铁管,非镀锌钢管习惯上称为黑铁管;按管壁厚度分为普通焊接钢管和加厚焊接钢管两种,普通焊接钢管可承受的最大工作压力为 1.0 MPa,加厚焊接钢管可承受的最大工作压力为 1.6 MPa。镀锌钢管多被用在生活饮用水系统、生活冷热水供应系统和消防喷淋系统中。每根焊接钢管通常出厂的长度为 6 m。

(2) 钢板卷制焊接钢管:用钢板卷制焊接而成,分为直缝卷制焊接钢管(直焊缝)和螺旋缝卷制焊接钢管(螺旋焊缝),其管径一般较大,多用在供热、燃气等室外大口径管道和长距离输送管道中。

2) 低压流体输送用焊接钢管管件

一般情况下,公称直径小于 50 mm 的焊接钢管多采用螺纹连接,公称直径大于 50 mm 的焊接钢管多采用焊接。钢板卷制焊接钢管属于大口径钢管,一般均采用焊接。

低压流体输送用焊接钢管的螺纹连接管件,通常是用可锻铸铁制造的,管件有镀锌和非镀锌两种,分别用于连接镀锌焊接钢管和非镀锌焊接钢管。按照连接方式不同,管件种类、规格繁多。螺纹连接的钢管延长用配件为管箍、外螺纹(内接头);分支连接用配件为三通、四通;转弯用配件为 90°弯头、45°弯头;节点碰头连接用配件为六方内螺母、活接头(由任)、带螺纹法兰盘;管道变径用配件为内外螺母、异径管箍(大小头);管道堵口用配件为堵头、管堵等。普通管件的组合及形状如图 3-1、图 3-2 所示。

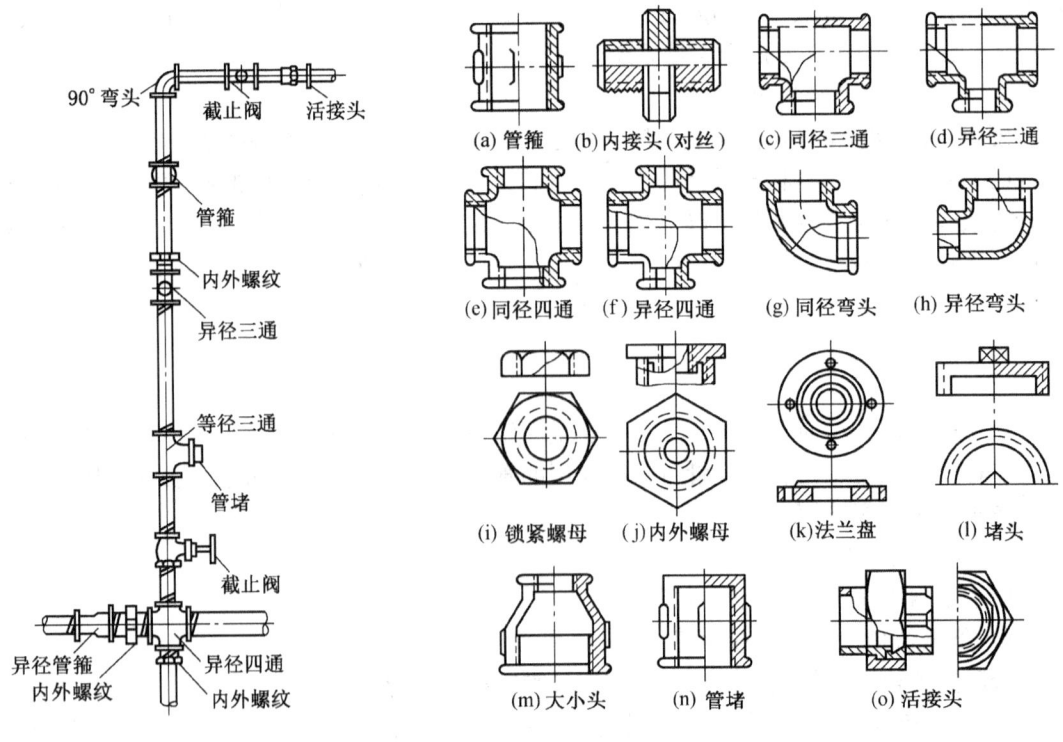

图 3-1 管件组合

图 3-2 普通管件形状

在管道工程中要使用大量的金属和非金属管子，以及各种各样的管道阀门、接头配件（称为管件）等，为了使管子和管件能够相互连接，其连接处的口径应保持一致，公称直径就是各种管子与管件之间的通用口径。公称直径用 DN 表示后加公称直径尺寸，其单位为 mm，例如 DN25 表示公称直径为 25 mm。

2. 无缝钢管及管件

1）无缝钢管

用普通碳素钢、优质碳素钢等圆钢坯加热后，经穿管机穿孔轧制（热轧）而成的，或者再经过冷拔而成为外径较小的管子，因为没有接缝，所以称为无缝钢管。无缝钢管的规格用"外径×壁厚"表示。如，D108×4 表示外径为 108 mm，壁厚为 4 mm 的无缝钢管。无缝钢管具有强度高、内表面光滑、水力条件好等优点，适用于高压供热系统和高层建筑的热、冷水管和蒸汽管道，一般压力在 0.6 MPa 以上的管路都应采用无缝钢管。

2）无缝钢管管件

无缝钢管由于管壁较薄，通常不宜采用螺纹连接而采用焊接或法兰连接。无缝钢管管件有无缝冲压弯头、无缝异径管、无缝三通等，可以现场下料自制，也有成品管件。如图 3-3 所示为无缝钢管常用的管件。

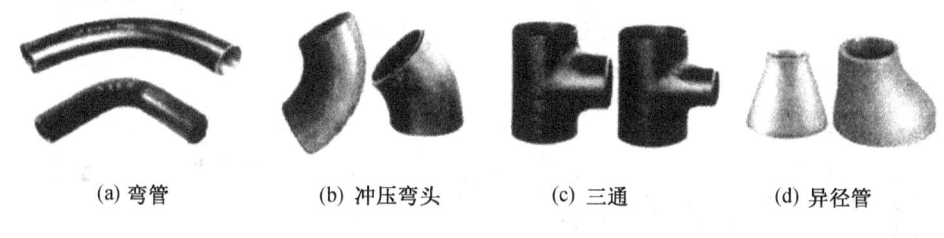

(a) 弯管　　　(b) 冲压弯头　　　(c) 三通　　　(d) 异径管

图 3-3　无缝钢管常用的管件

3. 铸铁管及管件

铸铁管是采用铸造生铁（灰铸铁）、球墨铸铁或高硅铸铁等材料以砂型法或离心浇铸法铸造而成，分为离心铸铁直管、连续铸铁直管和砂型铸铁管。

由于铸铁管焊接、套螺纹、煨弯等加工困难，因此常采用承插口连接、法兰连接、压兰连接、卡箍连接或其他连接方式。

按照用途分类，铸铁管可分为给水用铸铁管和排水用铸铁管。

1）给水铸铁管及配件

（1）给水铸铁管：其耐腐蚀性能比钢管好，室外给水常用砂型离心铸铁管，按管壁厚度不同，可分为 P（普通型）和 G（高压型）两级，适用于水及煤气等压力流体的输送，其中球墨铸铁管多采用柔性接口。

①砂型离心铸铁管：材质为灰铸铁或球墨铸铁，按照壁厚分为 P、G 级。其适用于水及煤气等压力流体的输送，其中球墨铸铁管多采用柔性接口。

②连续铸铁直管：用灰铸铁或球磨铸铁连续浇铸而成的管，浇铸后经检查、修整、水压试验、喷涂沥青漆后出厂，按其壁厚分为 LA、A 和 B 三级。其适用于不同工作压力的水和煤气等流体的输送。

③高硅铸铁管：指碳的质量分数为 0.5%～1.2%、硅的质量分数为 10%～17% 的铁硅

合金，它具有很高的耐腐蚀性，但脆性较大，常用在腐蚀性较强的场所。

（2）给水铸铁管件：其名称、图形标示应符合《灰口铸铁管件》（GB/T 3420—2008）的规定，管道及管件的接口形式分为承插连接和法兰连接两种。承插接口又分为柔性接口和刚性接口。

常用给水铸铁管件有三通、四通、弯管、异径管、乙字弯、短管、套袖接管等，按连接方式又分为承插式和法兰式。常见的给水铸铁管件如图 3-4 所示。

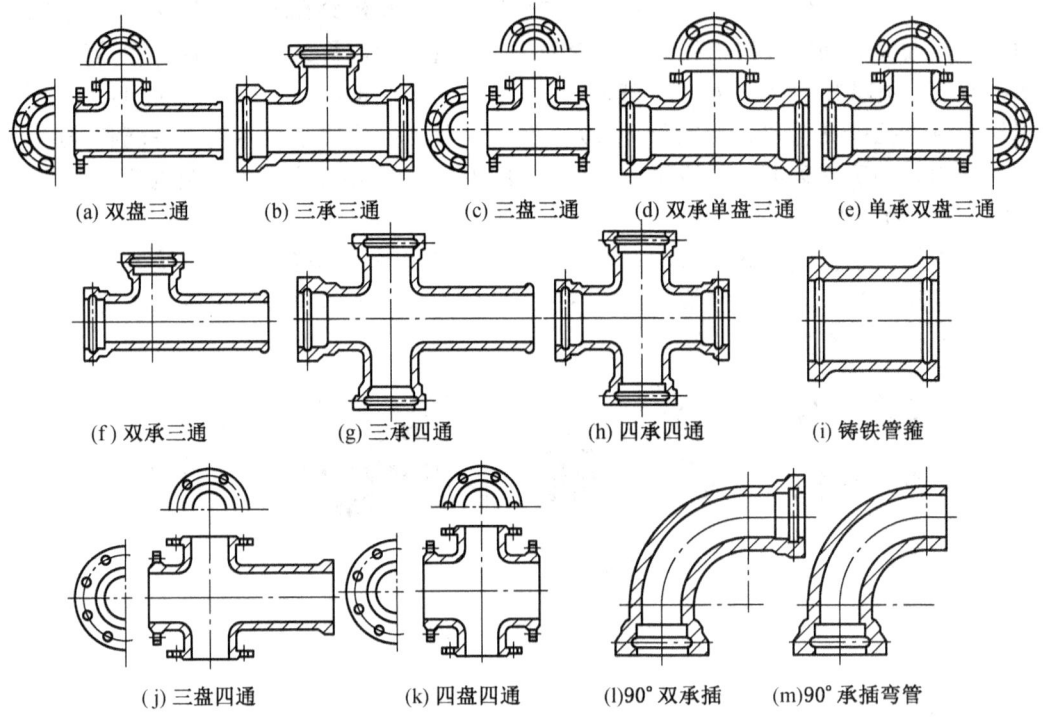

图 3-4 常见的给水铸铁管件

2）排水铸铁管及配件

（1）普通排水铸铁管：使用灰铸铁由金属模浇铸而成，其内表面较为粗糙。由于排水管道不承受较大压力，管壁比给水铸铁管薄，一般只有 6 mm 左右，常用在重力流体、生活污水、生产废水、多层建筑的雨雪水的排放中，通常每根标准管长 1.5 m，也有 1000 mm、500 mm、300 mm 等不同长度规格，多采用承插式连接，承插式刚性连接的排水铸铁管在北京等地区已经不允许在住宅建筑中使用，由机制柔性接口的排水铸铁管替代。

（2）普通排水铸铁管管件：常见的排水铸铁管件多为顺流式管件，承插连接，如图 3-5 所示。

（3）柔性接口排水铸铁管：是国际上运用广泛的排水管件之一，广泛用于排水、排污、雨水管道和通气管道系统。采用离心浇铸，组织致密，管壁薄，质量轻，接口采用不锈钢卡箍和橡胶套连接，装卸方便，特别适用于高层建筑和有抗震要求的排水管道，是推广和替代传统砂型铸造排水管及 UPVC 管的新型产品。产品分为 A 型（法兰压盖）、W 型（无承口）和承口型。

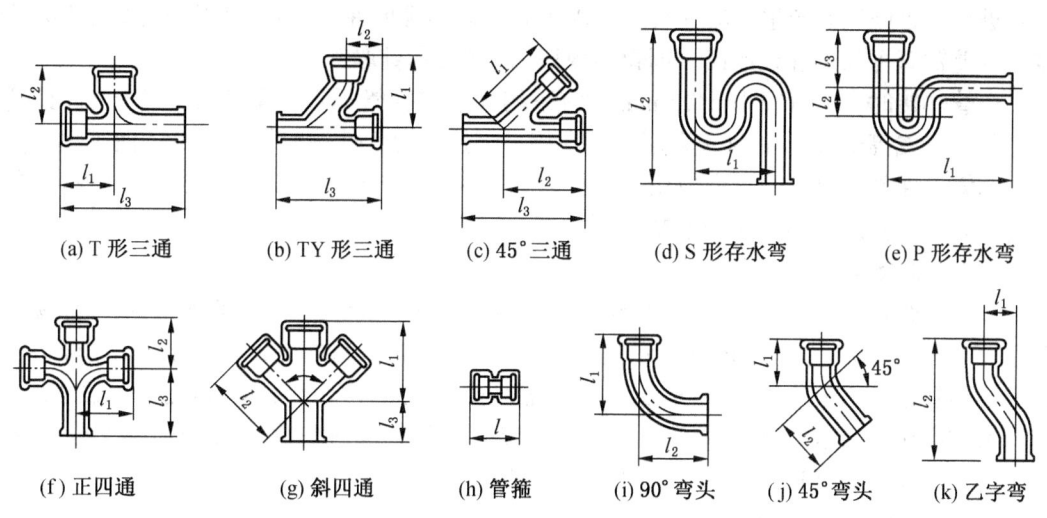

(a) T形三通　　(b) TY形三通　　(c) 45°三通　　(d) S形存水弯　　(e) P形存水弯

(f) 正四通　　(g) 斜四通　　(h) 管箍　　(i) 90°弯头　　(j) 45°弯头　　(k) 乙字弯

图 3-5　常用排水铸铁管件

（4）柔性接口铸铁管件：有多种规格，分为 W 型（密封橡胶圈、卡箍式）、A 型（压兰式）、B 型（双压兰式），如图 3-6 所示。

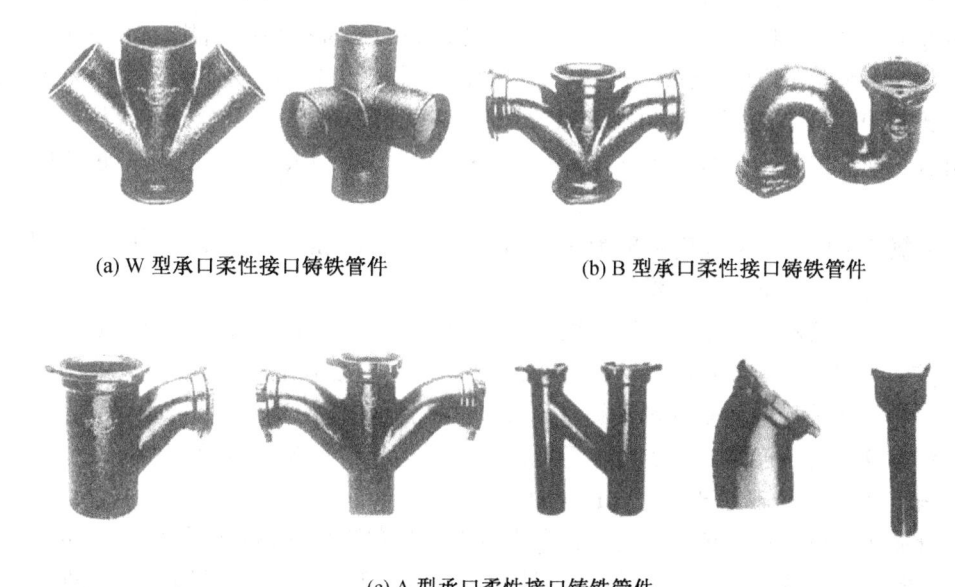

(a) W 型承口柔性接口铸铁管件　　　　(b) B 型承口柔性接口铸铁管件

(c) A 型承口柔性接口铸铁管件

图 3-6　柔性接口铸铁管件

4. 铜管及铜合金管

铜管根据制造方式可分为拉制铜管和挤压铜管，一般中、低压采用拉制铜管。根据材料不同可分为紫铜管、黄铜管和青铜管。由于铜的导热性能好，因此紫铜管和黄铜管多用于热交换设备中。

铜管可采用焊接、胀接、法兰连接和螺纹连接等连接方式。焊接应严格按照焊接工艺要求进行，否则极易产生气泡和裂纹。因为有良好的延展性，铜管也常采用胀接和法兰连接；厚壁铜管可采用螺纹连接。铜管的规格用"外径×壁厚"表示。

铜管焊接时，当管径小于22 mm时宜采用承插或套管焊接，承口应迎介质流向安装。当管径大于或等于22 mm时宜采用对口焊接。焊接用铜管件一般带有承口，便于焊接。

铜管已在部分热水管道中使用，连接方式多为焊接。但由于其造价较高，使铜管在建筑给水系统中应用受到一定的限制。

(二) 非金属管材及管件

非金属管道在工程中的应用十分广泛，具有耐腐蚀性能好、质量轻等优点，有逐渐代替金属管材的趋势。非金属管规格的表示方法较多，其中混凝土管、陶土管用内径表示，聚乙烯类管道使用公称外径 De 表示，其他塑料管道按照各自产品标准规定的方法表示。

目前应用在给水、排水系统以及采暖系统的塑料管品种较多，可分为热塑性塑料管（PP、PB、CPVC、PEX、PE等）和热固性塑料管。

1. 塑料管材的基本特性

塑料管材及管件基本是以其相应的塑料为主要原料，加入专用助剂，在制管机内经过挤出和注塑成型而制成的。塑料具有耐腐蚀、流体阻力小、质量轻、耐热、耐寒、电绝缘性好等优点，但是也具有使用温度有一定限制、线膨胀系数大、力学性能较差等缺点。

2. 给水用硬聚氯乙烯塑料管（PVC-U管）

该管是以PVC树脂为主加入符合标准的必要添加剂混合料，加热挤压而成。由于该管材输送饮用水时不影响水的气味、味道和颜色，并能保证水质长期符合卫生标准，因此得到广泛应用。给水用硬聚氯乙烯管材常用于输送温度不超过45 ℃的水，包括一般用水和饮用水。该管道公称压力分为0.6 MPa、0.8 MPa、1.0 MPa、35 MPa、1.6 MPa共5个等级。

硬聚氯乙烯塑料管的长度一般为4 m、6 m、8 m、12 m，也可按需方要求订制。需要注意的是塑料管的公称尺寸为管外径。

给水用硬聚氯乙烯管还可以用来输送压力为0.05~0.6 MPa和温度为-10~45 ℃的腐蚀性介质。我国生产硬聚氯乙烯塑料管的公称尺寸为8~200 mm，长度在3 m以上。硬聚氯乙烯塑料管通常采用承插溶剂黏结（$D \leqslant 110$ mm）和弹性密封圈（$D > 63$ mm）连接，也可采用螺纹或法兰连接。给水用硬聚氯乙烯塑料管件如图3-7所示。

3. 排水用硬聚氯乙烯塑料管（PVC-U管）

该管适用于建筑物内排水系统，在考虑管材的耐化学性和耐热性的条件下也可用于工业排水系统。在温度为60 ℃以下时可连续使用；在温度为60~80 ℃时可间歇性使用；当使用温度低于-10 ℃时，管道容易脆裂。

这种管材和管件通常采用承插口连接。当采用承插黏结时，管件、接头端都带有承口，承口内径与管材外径相等。工程中常用的硬聚氯乙烯排水管管件有：45°弯头、90°弯头、顺水三通、异径三通、套管、45°斜三通、伸缩节、立管检查口、清扫口、地漏、通气帽、异径管和活接头等；还有一些异型管件和新型管件，如旋流三通等。

为了克服实壁塑料管材噪声大的缺点，建筑排水用硬聚氯乙烯管多采用消声塑料排水管，该管内壁设有6条三角凸形内螺旋线，使下水沿着管内壁自由连续呈螺旋状流动，从而在立管底部起到良好的消能作用，也降低了噪声。

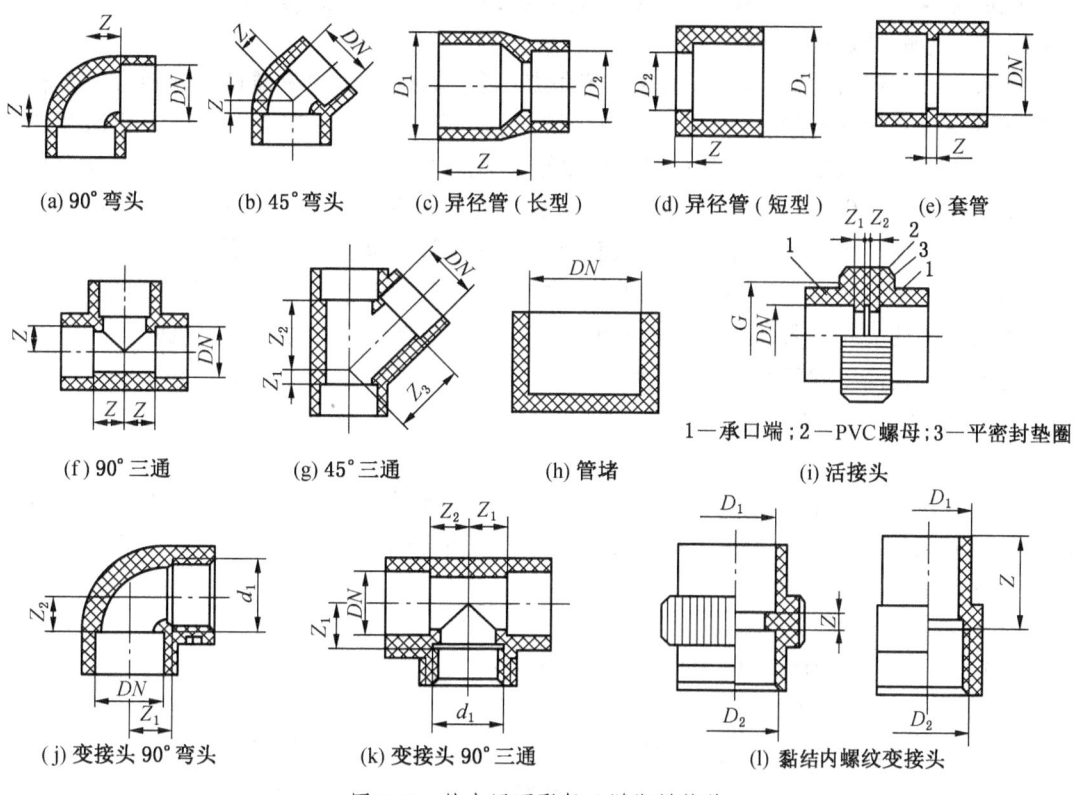

图 3-7 给水用硬聚氯乙烯塑料管件

4. 聚丙烯（PP）管

聚丙烯管是由丙烯-乙烯共聚物加入适量的稳定剂，经挤出而成型的热塑性塑料管，适用水温 0~95 ℃。标准规格的外径为 16~400 mm，常用规格有 DN20、DN25、DN32、DN40、DN50、DN65、DN75、DN90、DN100 等。聚丙烯管按照工艺分为均聚管 PP-H，嵌段共聚管 PP-B 和无规共聚管 PP-R 以及新型改性管 PP-C 管。

5. 聚乙烯塑料管（PE 管）及高密度聚乙烯双壁波纹管（HDPE 管）

PE 管及高密度聚乙烯管具有优良的化学性能、韧性、耐磨性以及相对低廉的价格优势，广泛应用于燃气、给水、废水、雨水、地源热泵的地埋换热管、排水以及电保护管等领域。其公称尺寸为 20~250 mm。聚乙烯塑料管的连接方式多为电熔焊、对接焊、热熔承插焊等。

双壁波纹管是一种用料省、刚性高、弯曲性优良，具有波纹状外壁、光滑内壁的管材，常用于室外工程。双壁管较同规格、同强度的普通管可省料 40%，具有高抗冲、高抗压的特性，成为给水管、污水管、地下电缆保护管和农业排灌管替代产品，在许多国家的很多领域中已经取代了钢管、铸铁管、水泥管、石棉管和普通塑料管。

6. 交联聚乙烯管（PE-X 管）

该管具有良好的力学和理化性能，被视为新一代绿色管材，是由高密度聚乙烯、引发剂、交联剂、催化剂等助剂，采用世界上先进的一步法（MONSOIL 法）技术制造的，其交联度可达60%~89%。该管质地坚实、有耐热性、抗内压强度高，可在较大温度范围内长期使用，寿命可长达50年。

该管管材内壁光滑，流动阻力小，流动噪声低，输送流体的流通量比同径金属管材大1/3；管材的保温性能优良，当用于供热系统时，可不需保温，在使用过程中任何弯曲都可以通过热风枪加以矫正；该管材具有质量轻、搬运方便、安装简便等特点，还具有耐化学品腐蚀性好、不生锈、无毒性、不霉变、不滋生细菌的特点，主要应用在建筑内的冷热水、饮用水、食品工业中液体食品输送系统，中央空调系统，低温地板辐射采暖系统，太阳能热水器系统等领域；还可以用在电信、电气用配管，电镀、石化等工业管道系统。交联聚乙烯管的线膨胀系数比金属管材要大得多，安装时要留有足够的伸缩空间。

另外还有耐高温聚乙烯-丁烯阻氧管（PE-RT管）、氯化聚氯乙烯管（CPVC管）、聚丁烯管（PB管）、工程塑料管（ABS管）等。

（三）复合管材

复合管是一种常用的由两种或两种以上的材料复合组成的管材，目的是充分利用管道内外材料的优点，使之具有良好的使用性能。常见的有铝塑复合管和钢塑复合管以及钢丝网骨架聚乙烯管等。

1. 铝塑复合管

铝塑复合管是一种集常用的金属管与塑料管优点为一体的新型管材，抗静电，可靠性好，使用寿命可达50年。

铝塑复合管内外壁均为化学稳定性非常高的聚乙烯或交联聚乙烯，耐腐蚀，防渗透，可以抵御大多数化学液体的腐蚀，抗老化性能好。由于含有金属铝，暗埋施工后容易被探明位置。铝塑复合管强度和塑性适中，运输存储方便，管内壁光滑，流阻小，不宜结垢，可以任意由弯变直或由直变弯。该管材施工安装简便，不必套螺纹，切割容易，施工速度快，成本比镀锌钢管略高，但比铜管低很多，铝塑复合管可做成各种不同颜色，便于区分。

铝塑复合管广泛用于民用建筑的自来水、饮用水和食品工业的酒、饮料的室内输送，也可用在采暖、空调、燃气系统中，还可以用来输送油品，酸、碱、盐溶液，医药界各种气体，以及用在水上运输工具内的各种管路系统中。

铝塑复合管的连接均采用专用管件连接，管件材料分为黄铜和不锈钢两种，为保证铝塑复合管和钢管相连接，管件配备内螺纹和外螺纹等多种规格。

2. 钢塑复合管

钢塑复合管是以热镀锌钢管为基础，以PE、PE-X塑料为内衬的合成产品，是利用紧衬复合工艺将塑料管衬于钢管内的衬塑钢管和将塑料粉末涂料涂于钢管表面经加工制成。也有在薄壁不锈钢管内壁内衬不大于管材外径1/60厚度塑料的不锈钢塑料复合管。该管具有塑料管和钢管的优点，内壁光滑、不污染，是替代镀锌钢管的理想产品。

该类管道可采用沟槽连接、卡套式连接、承插式连接和法兰连接。

三、暖卫管道安装常用工机具

1. 管子台虎钳

管子台虎钳又称管压力钳，用来夹持管子以进行锯割、套螺纹、安装或拆卸等操作，是管道安装现场必备的基本工具。管子台虎钳一般安装在工作台上使用,且必须垂直、牢固地固定在工作台上,其底座的直边与工作台一边对齐或略向里,不得伸出工作台,如图3-8所示。操作时,将管子放入管子台虎钳的上、下牙板之间,留出适宜长度,转动手柄,使上牙板压向下牙板。反方向转动手柄,则上牙板被提起,管子即可取出。用管子台虎钳夹持较长的管段时,须将管子另一端抬起并支撑,以免损坏管子台虎钳,夹持较脆软的管件时,应用布包裹,避免压坏。装夹管子或管件时,必须穿上保险销并压紧螺杆。旋转手柄时,用力要适当,不得采用加装套力杆或锤击的方法拧紧。

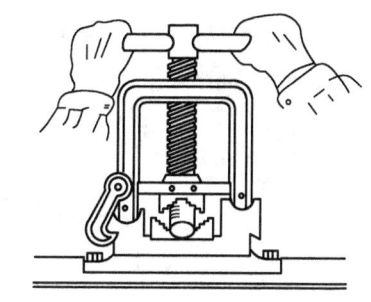

图3-8 管子台虎钳的安装图

2. 管子钳

管子钳又称牙钳、管钳、管子扳手,用于安装或拆卸螺纹连接钢管或管件。使用时,调节钳口大小,使钳口上的梯形齿咬牢管子,然后向钳柄施力并转动管子,进行管子的安装或拆卸。操作时,应将右手掌张开,用掌部接触钳柄部分用力,同时以左手轻压活动钳口的上部,以防钳口滑脱伤及手指,如图3-9所示。

3. 割管器

割管器又名管子割刀,用于切断壁厚不超过5 mm的各种金属管,如图3-10所示。使用割管器时,应始终让割刀在垂直于管子中心线的平面内平稳切割,不得偏斜。每转动1~2周,进刀一次,但进刀量不宜过大,并应对切口处加油。管子快要切断时,松开割刀,取下割管器,然后折断管子,严禁一割到底。

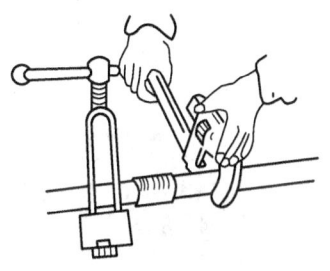 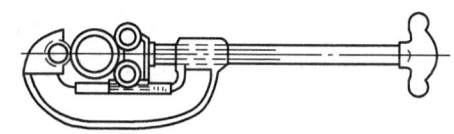

图3-9 管子钳的使用示意图　　　　图3-10 割管器

4. 钢锯

钢锯用来手工切割金属管子或钢件。按锯架的不同,分为固定式和调节式两种。锯条按每英寸的锯齿数分为粗齿和细齿两种。使用细齿锯条,锯齿吃力小,较省力,但切断速度慢,适用于切断DN40以下的管材;使用粗齿锯条时,锯齿吃力大,容易将锯齿卡断且费力,但切断速度快,适用于切断DN50以上的钢管。使用时注意:①装锯条时,锯齿的前倾角角面应朝向前推的方向,且应松紧适当;②推锯时应使用锯条的全长,回程时不得施加压力;③锯割的速度和压力应根据所锯材料性质和截面大小来确定,快锯断时应放慢速度,锯割中应加机油冷却润滑。

5. 管子铰板

管子铰板又称为带丝、铰板、套丝板、管螺纹铰板,用于手工套制管子外螺纹,分为普通式、轻便式两种，管道安装中常用普通式。

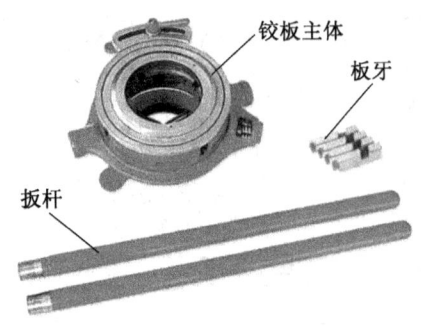

图3-11 管子铰板

管子铰板由铰板主体、板杆、板牙3个主要部分组成，如图3-11所示。它分为两种规格，一种用于DN15、DN20、DN25、DN32、DN40、DN50等不同规格的管螺纹加工，另一种用于DN65、DN80、DN100等不同规格的管螺纹加工。

管子铰板附有几副相应的板牙，每副板牙可以套两种尺寸不同的管螺纹。每副板牙为4块，每块都分别刻有1、2、3、4的号码，在铰板主体的每个板牙孔口处也刻有1、2、3、4的标号。安装时，先把活动的刻线对准固定盘的"0"位置，此时按板牙上的号码与铰板主体上牙槽口的号码——对号装入，转动活动盘，板牙就固定在管子铰板内。

6. 扳手

扳手用于安装或拆卸活接头、阀门等管件及各种设备的螺栓、螺母，分为活扳手、呆扳手、梅花扳手及套筒扳手。

使用活扳手时，调节其张口大小与螺母、管件等规格相适应。若拆卸的螺栓严重锈蚀不易扳转时，应用锤子敲击几下或使用螺栓松动剂，切不可硬扳。适时向活扳手的螺杆与活动钳口接合处加机油润滑，以防止生锈，保持活动钳口的灵活。

7. 电动套丝机

电动套丝机又称电动套丝切管机，可以完成对管子的切割、倒角和套螺纹等工序。电动套丝机品种较多，但其结构基本相同，一般都可具备套螺纹板牙、倒角器和割管器等，如图3-12所示。在实际工程中也用到便携式电动套丝机，在无台虎钳或工作区域狭小的空间使用十分理想。

8. 砂轮切割机

砂轮切割机是一种高速切割机，以电动机带动安装有尼龙砂轮片的轮子调整旋转来切断金属管材，适合切割各类碳素钢管、型钢和铸铁管，切割效率高，在水暖安装工程中应用十分广泛。切割时，将所要切割的管子用夹钳夹紧，切割时握紧手柄，同时按住开关接通电源，稍用力压下砂轮片，即可进行切割，管子割断后松开手柄和开关，即可切断电源停止切割。操作人员在操作时注意身体不可正对砂轮叶片，以防切割中溅出的火花伤人。

1—后夹盘；2—前夹盘；3—进给滑块；4—割管器；
5—倒角器；6—通用管子铰板；7—碎屑过滤盘

图3-12 电动套丝机

9. 手动试压泵

手动试压泵用于供暖和给水管道的试压，如图3-13所示。使用时掀动手柄向管道系统内泵水，升压稳定，且易于控制，适合于室内给水管道试压用。

使用方法：首先将试压泵装入管道系统的末端，在泵的出水管上安装止回阀和压力表，压力表应装有缓冲管。连接管段不宜过长，试压泵要旋转平稳。确认管道系统充满水且管内空气完全被排除后，往复摇动手柄，使管道系统内产生压力。适时调节压力表阀，达到试验压力的数值时即可停止打压，并关闭与泵连接的阀门。

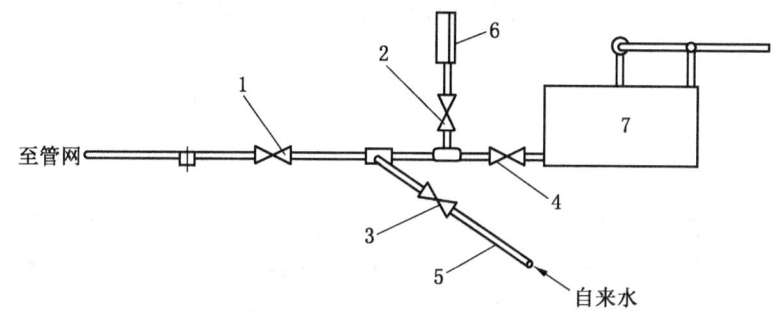

1、2、3、4—阀门；5—自来水管；6—压力表；7—手动试压泵

图3-13 管道系统试压操作接管示意图

四、暖卫管道连接基本知识

管道连接是将管子与管子或管子与管件、阀门、设备等管路附件连接起来，使之形成一个严密的管路系统的过程。管道连接的方法很多，主要有螺纹连接、焊接连接、法兰连接、承接连接、熔接连接、卡箍连接、卡套连接、卡压连接等。

1. 螺纹连接

管道的螺纹连接，也称丝扣连接，通过内、外管螺纹把管子与管子，管子与管件、阀门、设备连接起来。

1) 螺纹连接的适用范围

公称直径 $DN \leqslant 100$ mm 的低压流体输送用镀锌钢管，为了不损坏镀锌层，保证工艺要求，必须采用螺纹连接；建筑给排水、室内热水、燃气供应以及采暖管道中，DN100以下的一般均采用螺纹连接；钢管与带螺纹的设备、附件的连接以及需要经常拆卸又不允许用火的生产场合，采用螺纹连接。

2) 管螺纹的加工

管螺纹的加工也称套螺纹，有手工套螺纹和机械套螺纹两种。管螺纹的加工长度是工作长度加上尾螺纹的长度，尾螺纹一般为1~2扣。不论是用手工或机械加工出的管螺纹，都必须清楚、完整、光滑，不得有毛刺和乱扣。断牙和缺牙的总长度不得超过螺纹全长的10%，并且在纵向上不得有断缺处相靠的现象。

3) 管螺纹连接的填料

用于增强管螺纹接口而常用的填料有麻丝、铅油、石棉绳、聚四氟乙烯生料带等，选用时应根据管道输送介质的温度和性质确定。

4) 螺纹连接质量标准

螺纹连接管道安装后的管螺纹根部应有2~3扣的外露螺纹，多余的麻丝应清理干净并做防腐处理。

2. 焊接连接

焊接是通过加热或加压（或两者并用），使两个工件产生原子间结合的加工工艺和连接方式。焊接连接是管道工程中最主要的、应用最广泛的连接方式。

焊接连接按焊接工艺不同，有气焊、手工电弧焊、手工氩弧焊、埋弧自动焊等，管道安装现场主要使用气焊和手工电弧焊。使用电弧焊、气焊设备时必须严格按照操作规程进行，以保证安全。

管道焊接的主要工序：管子的切断及管口的处理（清理和开坡口）→对口→点焊及平直度的检查和校正→施焊。

3. 法兰连接

法兰连接是管道连接中广泛应用的一种形式，是在固定于两个设备或管子的一对法兰中间放入垫片，然后用紧固件连接起来的一种可拆卸接头，主要用于管子与带法兰的配件、阀门或设备的连接处，以及管子需要拆卸检修的场所。

4. 承插连接

用于承插连接的管子（或管件），一端为承口，另一端为插口。管道的承插连接是把管子（或管件）的插口插入另一根管子（或管件）的承口内，并在承口之间填入适当的填料或涂抹有机溶剂等，这种方法称为承插连接。

承插连接的填料应使之密实或黏结紧密，并且应达到一定的强度或密封性，使之具有一定的严密性和承压能力。承插连接常用的填料有石棉水泥、自应力水泥（膨胀水泥）、石膏氯化钙、青铅、油麻或橡胶圈、胶黏剂等。

管道承插接口常以填料种类命名。有橡胶圈接口、黏结剂接口、石棉水泥接口、青铅接口、自应力水泥接口、石膏氯化钙接口等。橡胶圈接口称为柔性接口，其他几种填料的接口均称为刚性接口。由于石棉水泥接口、青铅接口、自应力水泥接口、石膏氯化钙接口操作工艺要求较复杂，劳动强度大，工期长，接口密封性能不稳定，尤其在高层建筑中表现出一些缺陷，故现在逐渐被一些新材料和新接口工艺所取代。柔性接口具有优良的抗震性能和便捷的施工工艺，在工程中得到了广泛的应用。

塑料管承插黏结接口（黏结剂接口）的操作要点和技术要求见表3-1。

表3-1 塑料管承插黏结接口的操作要点和技术要求

操作示意图	操作要点和技术要求
	用粗齿锯、割刀或专用塑料管切管具按需要的长度切下管子，切割时应使断面与管子中心线垂直
	现场切断的给水塑料管的插口应加工倒角，坡口为15°~30°，长度不小于3 mm，厚度为1/3~1/2管壁厚度（大口径的排水管也应开坡口）
	用干布、清洁剂和砂纸等清除待黏结表面的水、尘埃、油脂类、增塑剂、脱模剂等影响黏结质量的物质，并适当使表面粗糙些

表 3-1（续）

操作示意图	操作要点和技术要求
	在管子外表面按规定的插入深度做好标记；插入深度应符合规范的规定
	用鬃刷、尼龙刷涂抹胶黏剂，鬃刷的宽度为承口内径的 1/3～1/2，必须先涂承口再涂插口，涂抹承口时应由里向外，胶黏剂应涂抹均匀、适量，不得漏涂
	找正管件方向将插口快速插入承口至所做的标记处，插接过程中应稍作旋转（不超过 90°）
	黏结完毕后立即用布将接合处多余的胶黏剂擦拭干净。黏结好的接头应避免受力，须静置固化一定时间，等接头固化后方可继续安装

注：承插黏结的塑料管道须在安装完毕 48 h 后，且管顶以上回填土厚度至少为 0.5 m 时（以防试压时管道系统产生推移）才能进行试压。

5. 熔接连接

熔接连接是相同材质热塑性塑料管材与管件相互连接时，采用专用熔接工具将连接部位表面加热，直接对其进行热熔和承插，使其冷却后熔为一体的连接方式。具体内容见第三节。

6. 卡箍连接

沟槽式卡箍接头是我国参照国外资料研制开发的一种钢管道新型接头。卡箍接头是在管材、管件等管道接头部位加工环形沟槽，由卡箍件、橡胶密封圈和紧固件等组成的套筒式快速接头。这种连接方式具有不破坏钢管镀锌层、施工快捷、密封性好、便于拆卸等优点，可用于建筑给水、消防给水、生产给水等管道工程。

卡箍连接又称卡箍沟槽式连接，一般适用于 $DN \geqslant 50$ mm 的管道连接。近年来，随着沟槽式卡箍施工技术的不断完善，大口径的不锈钢管、铜管也成功应用沟槽式卡箍技术进行一体化管道连接。

1）沟槽式卡箍接头密封原理

沟槽式卡箍接头结构如图 3-14 所示。安装时，在相邻管端套上 C 形异型橡胶密封圈后，用拼合式卡箍件连接。卡箍件的内缘卡在沟槽内并用紧固件紧固后，橡胶密封圈中心空腔在水、真空等内、外压力作用下压紧橡胶与管壁的接触面，达到密封，且内压力越大密封效果越好，可以保证管道的密封性。

2）卡箍连接管件

卡箍连接有其专用的连接管件，常用卡箍连接管件如图 3-15 所示。

3）卡箍连接专用工具

卡箍连接专用工具主要有滚槽机和管道开孔机。

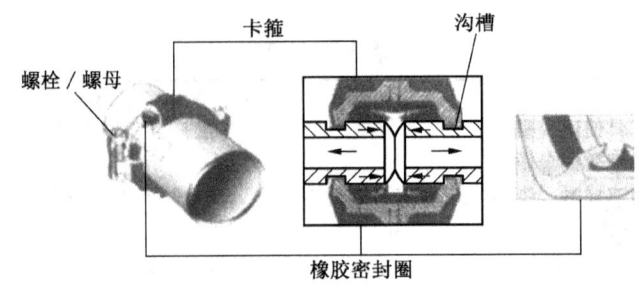

图 3-14 沟槽式卡箍接头的结构图

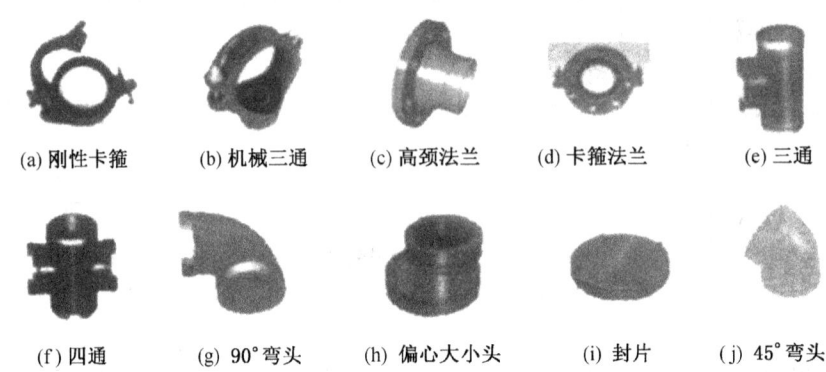

图 3-15 常用卡箍连接管件

4) 沟槽接头安装要点和技术要求

管端滚槽完毕,准备好相应的卡箍件,就可以进行管道沟槽接头的安装连接操作。沟槽接头安装要点和技术要求见表 3-2。

表 3-2 沟槽接头安装要点和技术要求

操作示意图	操作要点和技术要求
	参照相关标准加工好沟槽,去除毛刺,确保待装管密封面平整、圆滑
	(1) 检查橡胶密封圈,如有破裂及时更换。 (2) 橡胶密封圈安装在两接口的中间部位,不得安装在沟槽内
	校直管道中轴线,两端口处留有间隙,在橡胶圈上涂抹润滑剂(润滑剂可用肥皂水或洗洁剂,不得采用润滑油)

表 3-2（续）

操作示意图	操作要点和技术要求
	在橡胶密封圈外侧安装卡箍件，双手（必要时使用木槌）压紧卡箍件
	（1）安装紧固件，应均匀交替拧紧螺栓，拧紧力矩适中，防止螺栓受损，目测橡胶密封圈是否在卡箍件内两接口处，避免起皱。 （2）检查并确认卡箍件内缘圆周在沟槽内，并检查紧固件是否旋紧

五、管道的螺纹连接实训

1. 实训目的

管道设备安装技能训练是建筑环境与设备工程专业十分重要的实践教学环节。通过管道设备安装技能训练，学生能进行真实的管道设备安装训练，学习工具的使用、管道系统的安装技能和验收方法。本次技能训练旨在提高学生的实践动手能力，可以让学生掌握管螺纹的加工过程和操作要点，能够按规定尺寸进行管道螺纹的连接，能够选用螺纹管件，并且能在管道安装及维修方面达到一定的熟练程度。

2. 工具、机具

工作台、管子压力钳、台虎钳、手动试压泵、电动套丝机、砂轮切割机、手锤、钢锯弓、管子钳、管子割刀、管子铰扳、圆锉、管子板牙、钢卷尺、皮尺、直尺等。

3. 实训材料

（1）焊接钢管和镀锌焊接钢管。

（2）管件（镀锌或非镀锌）：管接头（管箍）、异径管接头、弯头、异径弯头、三通、异径三通、四通、异径四通、补芯（内外接头）、活接头等各种规格的管配件。

（3）消耗材料：钢锯条、割刀片、机油、线麻、铅油、生料带、液体密封剂等。

4. 实训要求

1）安全事项要求

（1）用管子钳安装管件时，一定要一手扶住钳口，一手用力抓住钳柄，钳口张开大小要适当，以免用力时管子钳打滑掉下砸伤手脚。

（2）稍长一些的直管子和管子铰板应水平放置。

2）技能训练要求

（1）管子切口应平直。

（2）管端螺纹应标准。

（3）螺纹连接应标准。

（4）螺纹连接处的密封填料应清理干净。

（5）操作完毕，操作工具应摆放整齐，操作现场应干净卫生。

5. 实训过程

（1）教师先进行全程螺纹连接的示范（包括用钢锯或砂轮切割机切断钢管以及用管螺纹铰板套螺纹的操作示范），学生在一旁学习。

（2）教师可根据实际情况画出管道连接图（图3-16、图3-17），然后学生进行管道的螺纹连接。

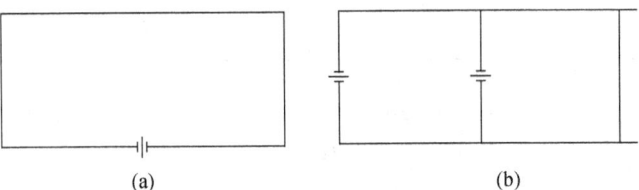

图3-16 螺纹连接草图（尺寸规格自定）

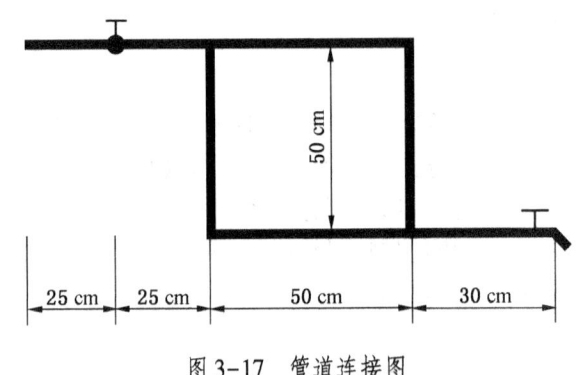

图3-17 管道连接图

（3）按教师所给图样尺寸要求下料，先将管子一头的螺纹套好，涂或缠上密封填料（注意密封填料的缠绕方向，其缠绕方向应和螺纹方向一致），并套上所需管件，然后用比量法下料割断另一头所需的管件，套螺纹连接。

（4）管件连接好后，外面要留有2~3扣的螺纹（规范要求）。外露螺纹主要是为了多次拆装后仍能保证密封和维修。

（5）管子下料时，注意下料长度与图示尺寸之间的关系，保证下料准确，节约用料。尤其是安装活接头、短螺纹时，管件下料长度的计算和螺纹连接的装配技术难度较大，要特别注意。

（6）螺纹大小要适当，以能用手拧进管件2~3扣为宜。

（7）管道连接完成后，将螺纹连接处的密封填料清理干净。

（8）操作结束后，将工具摆放到教师指定位置，把操作场地清理干净。

6. 管子套螺纹步骤与方法

现场施工中，最常用的是2 in铰板（in是英制管螺纹尺寸，2 in相当于公称直径DN50），如图3-18所示。

（1）套螺纹前，首先选择与管径相对应的板牙，按顺序号将4个板牙依次装入铰板板牙室。装入前，注意把铰板上的铁屑清除干净。

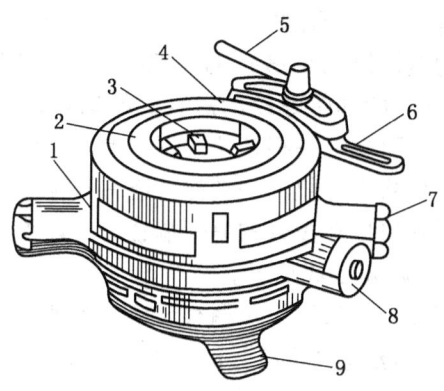

1—铰板本体；2—固定盘；3—板牙；4—活动标盘；5—标盘固定把手；
6—板牙松紧把手；7—手柄；8—棘轮子；9—后卡爪滑动手柄

图 3-18　普通式铰板结构

（2）将管子在管压力钳上夹持牢固，使管子呈水平状态，管端伸出管压力钳约 150 mm。注意管口不得有椭圆、斜口、毛刺及扩口等缺陷。

（3）将后卡爪滑动手柄松开，把铰板套进管口，然后转动后卡爪滑动手柄，将铰板固定在管子端头上，再将板牙松紧把手上到底，并把活动标盘对准固定盘上与管径相对应的刻度上，使其与管径相吻合，最后上紧标盘固定把手。

（4）操作时，首先站在管端的侧前方，面向管压力钳，两腿一前一后叉开，一手压住铰板，同时用力向前推进，另一手握住手柄，按顺时针方向扳动铰板，待铰板在管头上戴上扣后，再斜侧着身子站在管压力钳旁边，扳动手柄。

（5）开始套螺纹时，动作要慢、要稳重，注意操作者彼此协调，不可用力过猛，以免套出的螺纹与管子不同心而造成啃扣、偏扣，待套进两扣后，为了润滑和冷却板牙，要间断地向切削部位滴入机油。

（6）套制过程中吃刀不宜太深，套完一遍后，调整一下标盘，增加进刀量，再套一遍。一般要求：DN25 以内的管子，可一次套成螺纹；DN25～DN40 的管子，宜两遍套成；DN50 以上的管子，要分 3 次套制。

（7）扳动手柄，最好是由两人操作，动作要协调，这样不但操作省力，且可避免套出的螺纹产生与管子不同心的缺陷。套制 DN15～DN20 的管子，一次可扳转 90°；套制稍大直径的管螺纹，一次可扳转 60°；套制 DN50 或 DN50 以上的管子，应视实际需要增加人力，同时也要增加扳转的次数。

（8）当螺纹加工到接近规定的长度时，一边扳动手柄，一边应缓慢地松开板牙松紧把手，且边松开边套制出 2～3 扣，以便螺纹末端套出锥度。

（9）套完螺纹退出铰板时，铰板不得倒转回来，以免损伤板牙和螺纹或造成乱扣。

（10）螺纹套好后，要用连接件试一试，以用手力能拧进 2～3 扣为宜。如果套制的螺纹过松，则连接后的严密性差，且螺纹会很快地被管道中的介质腐蚀；如果套制的螺纹过紧，连接时容易将管件胀裂，或因大部分管螺纹露在管件外面而降低连接强度。在严密性要求较高的情况下，可用逐渐松脱板牙松紧把手的方法加大螺纹的锥度。

(11) 套"长丝""短丝"与"歪丝"。"长丝"一般用于散热器与管道支管的连接，其一端为短螺纹，另一端为短螺纹 2.5~3 倍的长螺纹，不需要任何锥度。"短丝"又称嘎嘎丝，是指长度小于 100 mm、两端带螺纹的短管。如果短管夹持到管压力钳上后，是无法用铰板套制螺纹的。为此，可先在一根较长的管子上套制出短螺纹，然后按需要的长度截下已套了短螺纹的管头，再将有螺纹的一端拧入连有管箍的管子上，再把连有管箍的管子固定在管压力钳上，这样就可以在短管的另一端套制出螺纹来；最后，将两端都套制出螺纹的短管卸下来，"短丝"就套制成功了。

在管道安装中，当支管要求有坡度以及遇有连接件的螺纹不端正时，则要求套制出的螺纹有相应的偏斜，俗称"歪丝"。"歪丝"的最大限度不能超过 15°。"歪丝"的套制方法：将铰板套进一、两扣后，把后卡爪手柄根据需要的偏度稍稍松开，使标盘向一侧倾斜切削即可。

7. 说明与建议

(1) 螺纹连接时，开始先进行直线管段螺纹连接训练，用管箍、弯头、三通、四通、活接头连接直线管段，对螺纹连接操作熟练后，再进行各类形状的管道螺纹连接。

(2) 螺纹连接宜先长管后短管，先小规格后大规格。

(3) 必要时，可在加工草图上添加螺纹阀门，供学生进行阀门安装操作训练。

(4) 学生对螺纹连接达到一定熟练程度后，可进行水压试验。其目的是让学生检验自己的操作水平，同时也对水压试验有一个初步的感性认识。

(5) 根据教学安排，可进行塑料管道的承插黏接和铝塑复合管的连接。

第二节 空调常用检测仪表及专用工具

一、常用检测仪表

1. 万用表

万用表是一种多功能、多量程的便携式仪表。常用的万用表有指针式（模拟式）和数字式两种。万用表一般都能测直流电流、直流电压、交流电流、直流电阻等，有的万用表还能测功率、电容、电感等。万用表的形式很多，使用方法也有不同，但基本原理是一样的。

万用表使用注意事项：

(1) 转换开关的位置应选择正确。选择测量种类时，要特别细心，若误用电流挡或电阻挡测电压，轻则表针损坏，重则表头烧毁。选择量程要适当，测量时最好使指针在量程 1/2~2/3 范围内，读数较为准确。在无法预测测量的电压或电流值时，应先选择最高量程，然后再逐步减小量程。

(2) 端钮或插孔选择要正确。

(3) 测量线路电阻时，线路必须与电源断开，不能在带电的情况下测量电阻值，否则会烧坏万用表。

(4) 在测量大电流或高电压时，禁止带电转换量程开关。

(5) 测量直流电量时，正负极性应正确，接反会导致表针反向偏转，引起仪表损坏。

在不能分清正负极时,可选用较大量程挡位试测,一旦发生指针反偏,应立即更正。

(6) 数字万用表不能在有电磁干扰的场合使用,以免影响读数的准确性。

2. 钳形电流表

钳形电流表的外形与钳子相似,使用时将导线穿过钳形铁芯,是常用的一种电流表。钳形电流表可在不切断电路的情况下测量电流(即可带电测量电流),这是钳形电流表的最大特点,常用的钳形电流表有指针式和数字式两种。指针式钳形电流表测量的准确度较低,通常为2.5级或5.0级。数字式钳形电流表测量的准确度较高,用外接表笔和挡位转换开关相配合,还具有测量交/直流电压、直流电阻和工频电压频率的功能。

使用时应注意以下几点:

(1) 根据被测电流的种类和线路电压,选择合适型号的钳形电流表,测量前必须先调零(机械调零)。

(2) 检查钳口表面,应清洁无污物、无锈。当钳口闭合时应密合,无缝隙。

(3) 若已知被测电流的粗略值,则按此值选合适量程。若无法估算被测电流值,则应先放到最大量程,然后再逐步减小量程,直到指针偏转不少于满偏的1/4,最好指针偏转达到1/2~2/3之间。

(4) 被测电流较小时,可将被测载流导线在铁芯上绕几匝后再测量,实际电流数值为钳形电流表读数除以放进钳口内的导线根数。

(5) 测量时,应尽可能使被测导线置于钳口内中心垂直位置,并使钳口紧闭,以减小测量误差。

(6) 测量完毕后,应将量程转换开关置于交流电压最大位置,避免下次使用时误测大电流而烧坏电流表。

3. 绝缘电阻表

绝缘电阻表是一种测量电气设备、供电线路绝缘电阻的可携式仪表,以"MΩ"为单位,用"MD"符号表示。

1) 使用前的准备

(1) 校表。绝缘电阻表内部由于无机械反作用力矩的装置,指针在表盘上任意位置皆可,无机械零位,因此在使用前不能以指针位置来判别表的好坏,而要通过校表来判别。首先将绝缘电阻表水平放置,两表夹分开,一只手按住绝缘电阻表,另一只手以90~130 r/min转速摇动手柄,若指针偏到"∞",则停止转动手柄;然后将L(线路)、E(接地)两端短路,若指针偏到"0",则说明该绝缘电阻表良好、可用。特别指出:绝缘电阻表指针一旦到零,应立即停止摇动手柄,否则将损坏绝缘电阻表。此过程又称校零和校无穷,简称校表。

(2) 不带电测量。用绝缘电阻表测量线路或设备的绝缘电阻时必须在不带电的情况下进行,决不允许带电测量。

(3) 充分放电。测量前应先断开被测线路或设备的电源,并对被测设备进行充分放电,清除残存静电荷,以免危及人身安全或损坏仪表。必要时,被测设备可加接地线。

2) 使用时的注意事项

(1) 测量前必须切断设备的电源并接地或短路放电,以保证人身和设备安全,获得正确的测量结果。

（2）在绝缘电阻表使用过程中要特别注意安全，因为绝缘电阻表端子有较高的电压，绝缘电阻表测量完后应立即使被测物体放电，在绝缘电阻表的摇把未停止转动和被测物体未放电前，不可用手触及被测部位，也不可去拆除连接导线，以防触电。

（3）对于有可能感应出高电压的设备，要采取措施消除感应高电压后再进行测量。

（4）被测设备表面要处理干净，以获得准确的测量结果。

（5）绝缘电阻表与被测设备之间的测量线应采用单股线，单独连接；不可采用双股绝缘绞线，以免绝缘不良而引起测量误差。

4. 接地电阻测试仪

当发生异常情况时，如果没有接地线，就会因漏电流及电压过大造成产品损坏，危急人身安全，为防止此类问题的发生需要接地线，即将电气产品金属外壳连接到地面的金属棒，可起到放电作用。为确保安全，应进行接地施工，并使用接地电阻测试仪进行接地电阻检测。

二、常用专用工具

1. 割管器

割管器是切割紫铜管、黄铜管等的专用工具，又称切管器。它主要由支架、滚轮、割刀、转柄、销等组成，如图 3-19 所示。

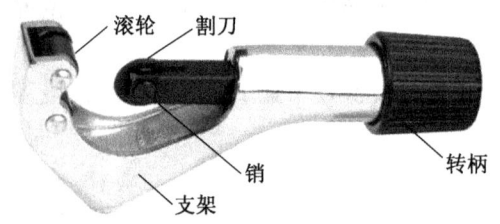

图 3-19　割管器

割管器的使用方法：将铜管夹在割轮与滚轮架之间，割轮与铜管垂直，一只手捏紧铜管，另一只手转动转柄，使割轮的刃口切入铜管，然后顺时针旋转割管器，边转动边拧紧转柄，直至将铜管割断。割管器有多种规格，规格不同，其切割管材的直径不同，小型割管器一般可切割 $\Phi 3 \sim 32$ mm 的铜管。

割管器使用方便，操作简单，使用时应注意以下几点：

（1）割管器割轮磨损严重或有破损时，应及时更换。

（2）割轮的轴向间隙超过 0.5 mm 时，会造成切割不准、割出螺纹线等现象，不能再用。

（3）不宜一次将割轮的刃口切得过深，这样容易将铜管压扁或损坏割轮。

（4）不能用铜管的割管器切割铁管、不锈钢管等硬管和棒料。

（5）应在运动部件处加少许润滑油。

（6）铜管割断前应先打磨，去掉氧化层。

（7）毛细管及小于 3 mm 的铜管不能用割管器切割，可用剪刀的刃口在管子上来回转动，在管上划出一定深度的刀痕后再用手轻轻折断。

（8）有些割管器带有去毛刺的刮子，以便在管材割断后对管端进行修整。修整时注意不要让金属屑掉进管内。

2. 封口钳

封口钳是封闭紫铜管管口的专用工具，如图3-20所示。封口钳的使用方法：根据铜管管壁的厚度，调节钳口调节螺钉。将封口的铜管夹入钳口内的中间位置，用手紧握封口钳的两个手柄，钳口即把铜管夹扁并锁住铜管。铜管封口后，拨动钳口开启手柄，在钳口开启弹簧的作用下，钳口自动打开。

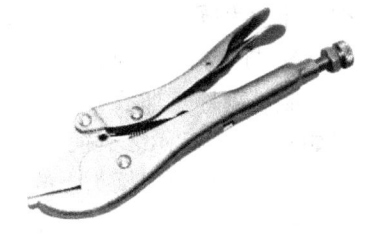

图3-20 封口钳

3. 扩管器

制冷系统管径相同的管道连接或管道与截止阀连接，都需要对铜管进行扩口，铜管管端的扩口通常采用扩管器进行，扩管器如图3-21所示。扩管器一般由铜管夹具、夹具紧定螺栓、螺纹顶压装置、可换扩管头组成。铜管夹具的夹持面上开有多个直径不同的半圆孔，孔内有凹凸的沟槽，以增强夹持的摩擦力。

4. 弯管器

制冷系统的管道经常需要弯成特定的形状，弯曲部分需要保持管道内腔不变形，弯管器就是用来弯曲铜管的专用工具，如图3-22所示。

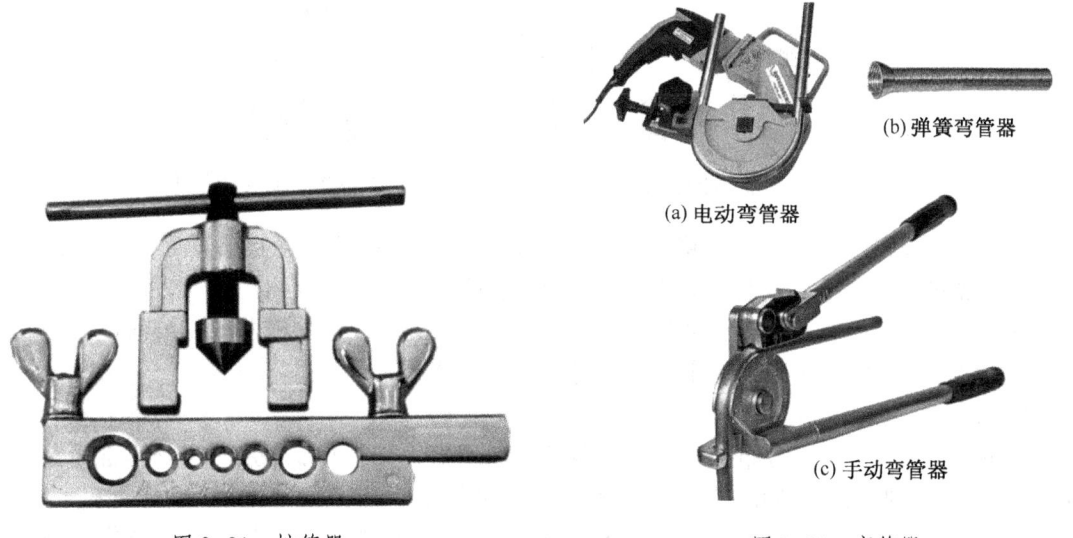

图3-21 扩管器　　　　　　图3-22 弯管器

弯管器的使用方法：将铜管的弯曲部分退火，把铜管放入弯管轮的槽沟内，并用夹管钩钩紧，将活动手柄按弯曲方向移动，导向槽紧压管子，直到所需弯曲的角度为止，然后将弯管退出。弯曲不同的角度时，可通过观察轮子上的角度尺确定。铜管的弯曲半径不宜小于铜管直径的5倍，不然铜管弯曲部分的内腔易变形。

5. 复式修理阀

复式修理阀又称三通修理阀，它是制冷系统抽真空、充灌制冷剂的专用工具，如图

3-23所示。其使用方法：压力表三通阀接头接灌氟器或氟利昂钢瓶，真空、压力表接头接真空泵，三通接头接制冷系统的工艺管。对制冷系统抽真空时，开启真空压力表阀门，关闭压力表阀门，从真空、压力表上观察制冷系统抽真空的程度。充注制冷剂时，关闭真空、压力表阀门，开启压力表阀门，从压力表上观察制冷系统充灌制冷剂的压力变化。

6. 制冷剂计量加液器

制冷剂计量加液器是根据制冷设备上标出的制冷剂充注量加液的专用工具，计量加液器如图3-24所示。其使用方法：向计量加液器充注制冷剂时，首先用真空泵抽去加液器中的空气，出液阀接头上的输液胶管接制冷剂钢瓶，制冷剂钢瓶的位置要高于加液器的位置。然后，打开制冷剂钢瓶阀门和加液器出液阀门，这时加液器压力表上的读数将由零变大，筒体的玻璃管内将看到制冷剂进入加液器。待制冷剂钢瓶内的压力与加液器内的压力平衡后，制冷剂将停止流动，若需增加加液器中的制冷剂时，可以微微打开加液器上的出气阀门，但是加液器玻璃管内制冷剂的液面不能超过套筒上的最大刻度线。充注完毕后，关闭制冷剂钢瓶和加液器上的出液阀阀门。

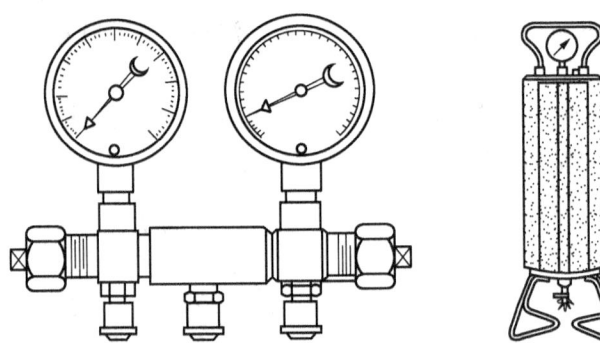

图3-23 复式修理阀　　图3-24 计量加液器

向制冷系统充注制冷剂时，将加液器出液阀接头上的输液胶管接制冷系统的工艺管上，然后观察加液器压力表上的读数，转动刻度套筒，在套筒上找到与压力表读数相对应的定量加液线。记住玻璃管内制冷剂的最初液面刻度，缓慢开启加液器的出液阀门，玻璃管内制冷剂液面下降，下降到规定充注量时，关闭加液器的出液阀门。

7. 倒角器

倒角器是将3把均匀分布且互成一定角度的刮刀装在一个圆形外壳内（外壳常用塑料制成）。这3把刮刀在一端互成钝角，在另一端互成锐角。

倒角器的使用方法：把倒角器一端的刮刀尖伸进管道的端部，旋转数次，再把另一端刮刀尖伸进管道的端部，同样旋转数次，就能把毛刺去掉，并修整好收缩的地方。

第三节　热熔器使用及热熔承插连接训练

一、熔接连接

熔接连接是相同材质热塑性塑料管材与管件相互连接时，采用专用熔接工具将连接部位表面加热，直接对其进行热熔和承插，使其冷却后熔为一体的连接方式。

能够进行热熔连接的塑料一般为热塑性塑料，常见的聚乙烯（PE）管、聚丙烯（PP）管、聚丁烯（PB）管等塑料管材，均可采用熔接连接。这种接口形式安全可靠，广泛应用在建筑给水工程、热水（不高于 80 ℃）供应工程和城市燃气工程中。

熔接连接按接口形式和加热方式可分为热熔承插连接、热熔对接连接和电熔承插连接。管道采用熔接连接安装时，应做好安装前的准备工作。本节主要介绍热熔承插连接的相关内容。

二、热熔器（机）

热熔承插连接所用的工具是热熔器（机），主要加热部件包括加热板和芯模，如图 3-25 所示。其操作方法是将管材外表面和管件内表面同时无旋转地插入熔接器的芯模（加热套和加热头）中加热数秒，然后迅速撤去熔接器，把已加热的管材快速地垂直插入管件，保压、冷却的连接过程，热熔承插连接示意如图 3-26 所示。

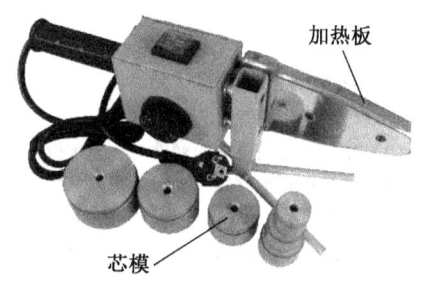

图 3-25 热熔器（机）

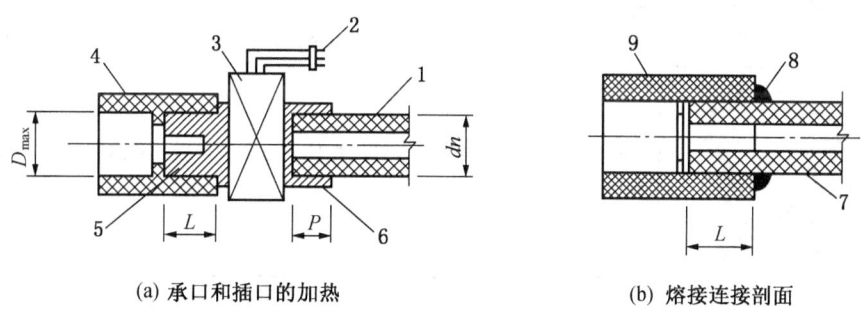

(a) 承口和插口的加热　　　　　　(b) 熔接连接剖面

1、7—PP-R 管材；2—220 V 电源；3—电热板；4、9—管件；5—加热头；6—加热套；8—挤出凸缘

图 3-26 热熔承插连接示意图

三、热熔承插连接训练

1. 主要操作工序

热熔承插连接的主要操作工序：安装前的检查→切管→清理接头部位及画线→加热→找正→管件套入管子并进行校正→保压、冷却。

2. 工艺及操作训练

热熔承插连接的操作要点和技术要求见表 3-3，推荐工艺参数见表 3-4。

表 3-3 热熔承插连接的操作要点和技术要求

操作示意图	操作要点和技术要求
	（1）检查、切管、清理接头部位及画线的要求和操作方法与 PVC-U 管黏接类似，但要求管材外径大于管件内径，以保证熔接后形成合适的凸缘。 （2）切割管材时，必须使断面垂直于管轴线。管材切割一般使用管剪或管道切割机，也可使用钢锯，但切割后应去除管材毛边和毛刺。 （3）管材与管件连接端面必须清洁、干燥、无油
	用卡尺和合适的笔在管端面测量并标绘出热熔深度，热熔深度应符合表 3-4 的要求
	（1）热熔工具接通电源，到达工作温度（250~270℃）指示灯亮（一般为绿灯）以后方能开始操作。 （2）熔接有方向要求的管件时，应按设计图样要求并注意其方向性。 （3）无旋转地把管端插入加热套内，插入到所标志的深度，同时无旋转地把管件推到加热头上，达到规定标志处。加热时间应按热熔工具生产厂家的规定执行，若无规定，可按表 3-4 的要求执行
	（1）达到加热时间后，立即把管材与管件从加热套与加热头上同时取出，迅速无旋转地直线均匀插到所标深度，使接头处形成均匀凸缘。 （2）管材、管件加热到规定的时间后，迅速从熔器的芯模中拔出，快速找正方向，将管材插入管件至划线位置，插入过程中若发现歪斜应及时校正。找正和校正时可利用管材上所印的线条和管件两端面上呈十字形的 4 条刻线作为参考。 （3）在表 3-4 规定的时间内，刚熔接好的接头还可校正，但不得旋转
	冷却过程中，不得移动管材或管件，完全冷却后才可进行下一个接头的连接操作

表 3-4 热熔承插连接推荐工艺参数

公称外径/mm	20	25	32	40	50	63	75	90	110
最小承插深度/mm	11.0	12.5	14.6	17.0	20.0	23.9	27.5	32.0	38.0
加热时间/s	5	7	8	12	18	24	30	40	50
加工时间/s	4	4	4	6	6	6	10	10	15
冷却时间/s	3	3	4	4	5	6	8	8	10

3. 注意事项

(1) 管材插入管件的深度应在规定的范围内。插入过深，充溢在管件内部形成过大的凸缘，增加管道局部阻力；插入过浅，接头不牢固，耐压强度达不到要求。

(2) 一般芯模（加热套和加热头）表面涂覆聚四氟乙烯（PTFE）等高温防黏层，长期使用时其模头加热面会黏附残留塑料，应定期清除；否则反复加热会使这些塑料碳化，使芯模加热温度不均，降低加热效率，进而影响接头质量。

(3) 热熔管不得直接与水加热器或热水机组（器）连接，应采用长度小于 400 mm 的金属管段进行过渡。

(4) 连接完毕，应对热熔承插接头进行检查。包括：①检查管材与管件是否正确对正；②管材与管件之间挤出的熔融材料在整个外圆周是否均匀一致；③焊接区域是否有杂质、缩孔、裂纹和其他损伤；④检查是否存在因焊接温度过高或焊接压力过大造成的管壁塌陷、卷边过大等缺陷。

第四节　空调设备运行维护技能训练

一、基本操作技能

(一) 焊接技术

1. 常用气焊焊条、焊剂的选用

1) 焊条的选用

制冷系统的管道连接，一般采用钎焊焊接。钎焊就是利用熔点比焊件低的焊条，通过可燃气体和助燃气体在焊枪中混合燃烧时产生的高温火焰加热焊件、熔化焊条，从而使焊件连接。

钎焊常用的焊条有：银铜焊条、铜磷焊条、铜锌焊条等。为了提高焊接质量，钎焊制冷系统管道时，要根据焊件材料选用合适的焊条。铜管与铜管焊接时可选用铜磷焊条，这种焊条比较便宜，并具有良好的漫流、填缝和润湿性能，而且不需要用焊剂。铜管与钢管或钢管与钢管焊接，可选用银铜焊条或铜锌焊条，在焊接时需用焊剂。

2) 焊剂的选用

焊剂又称焊粉、焊药、熔剂。焊剂能在钎焊过程中使焊件上的金属氧化物或非金属杂质生成熔渣。同时，钎焊生成的熔渣覆盖在焊件的表面，使焊件与空气隔绝，防止焊件在高温下继续氧化。钎焊若不使用焊剂，焊件上的氧化物会夹杂在焊缝中，使焊接处的强度降低，如果焊件是管道，焊接处易产生泄漏。

2. 钎焊焊接工艺

焊接是检修电冰箱、空调等制冷设备的重要操作工艺。下面介绍钎焊焊接工艺及要求：

(1) 根据焊件材料选用焊条及焊剂。

(2) 焊接管道要有合适的插入长度和配合间隙。管道插入的长度不应小于被插入管道的直径长度。两根管道间的配合间隙应掌握在 0.1~0.2 mm 之间。配合间隙太大，焊条熔化时易流入管道，造成堵塞。配合间隙过小，熔化的焊条只能焊附在管道接口的表面，焊口强度差，易裂开。

（3）焊接管道要根据不同材料的焊件，选用不同的气焊火焰。

氧气-乙炔气气焊火焰：可分为碳化焰、中性焰、氧化焰三类。氧气与乙炔气的体积之比小于1时，其火焰为碳化焰，火焰分为三层，焰心呈白色，焰心外围带呈蓝色，内焰呈淡白色，外焰为橙黄色。碳化焰的温度为2700 ℃左右，适用钎焊铜管与钢管。氧气与乙炔气的体积之比为1~1.2时，其火焰为中性焰，火焰也分三层，焰心呈尖锥形，色白而明亮，内焰呈蓝白色，外焰由里向外逐渐由淡紫色变为橙黄色。中性焰的温度为3100 ℃左右，适用钎焊铜管与铜管、钢管与钢管。氧气与乙炔气的体积之比大于1.2时，其火焰为氧化焰，火焰只有两层，焰心短而尖，呈青色，外焰也较短；稍带紫色。氧化焰的温度为3500 ℃左右。氧化焰由于氧气的含量较多，氧化性很强，会造成焊件熔化，钎焊处会产生气孔、夹渣，不适用于铜管与铜管、铜管与钢管的钎焊。

氧气-液化石油气火焰：可分为碳化焰、氧化焰两类。氧气与液化石油气体积之比为1.1~1.3时，其火焰为碳化焰。液化石油气的含量越多，火焰越长。碳化焰的温度为2500 ℃左右，适用钎焊铜管与钢管。

氧气与液化石油气体积之比为1.4~1.6时，其火焰为氧化焰，火焰分两层，焰心呈尖形为青白色，外焰为淡白色，氧化焰的温度为2900 ℃。

3. 钎焊操作要点

以氧气-液化石油气焊接铜管与钢管为例，介绍钎焊操作要点：

（1）采用银铜焊条，选用活性化焊剂和碳化焰火焰。

（2）用细砂纸清除管道焊接处的油脂、污垢等脏物。

（3）火焰对准管道焊接处加热，同时在焊接处涂上焊剂，钢管与铜管上的加热比例为6∶4，加热到焊剂呈透明液体状态时，将涂有焊剂的银铜焊条放在焊接处继续加热，加热到焊条充分熔化并牢固地附着在管道上时移去火焰。

（4）检查焊接处有无气泡、夹渣现象。

（5）清除管道焊接处的残留焊剂、杂物。

4. 焊接管道注意事项

（1）焊接管道最好采用平焊（即两根管道水平放置），火焰与管道呈90°夹角。如需立焊，管道扩管的管口一定要朝下，以免焊接时熔化的焊条进入管道而造成管道堵塞。

（2）对同一种材料管道焊接，要先加热插入的管道，然后加热扩口管道。焊接处要加热均匀，加热时间不宜过长，以免管道内壁产生氧化层，造成制冷系统毛细管、干燥过滤器堵塞。

（3）毛细管与干燥过滤器焊接时，必须掌握火焰对毛细管和干燥过滤器的加热比例，其加热比例为2∶8，以防止毛细管加热过度而熔化。

（二）制冷剂从大容器移入小容器

盛装制冷剂的容器（钢瓶）属于二类低压液化气体容器，常见制冷剂钢瓶范围有5~50 L。

1. 制冷剂从大钢瓶移入小钢瓶的方法

（1）用角铁做一个倾斜45°的三角架，将三角架放到合适的高度，然后将大钢瓶倒置在三角架上，如图3-27所示。

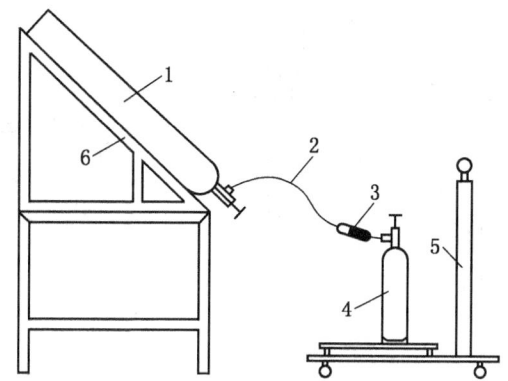

1—大钢瓶；2—带管帽的耐压胶管；3—干燥过滤器；4—小钢瓶；5—衡量器；6—三角架

图 3-27 制冷剂分装

(2) 对小钢瓶进行检漏、抽真空，放在衡量器上称出小钢瓶重量。

(3) 根据图示，用带管帽的耐压胶管将大钢瓶、干燥过滤器、小钢瓶连接起来。

(4) 将大钢瓶阀稍稍开启，然后松开小钢瓶上的连接胶管的管帽，让胶管和干燥过滤器中的空气排出，当有制冷剂液体喷出时立即将胶管管帽拧紧。

(5) 开启小钢瓶阀门，这时可听到制冷剂从大钢瓶移入小钢瓶中的流动声。小钢瓶充注的制冷剂重量不得超过小钢瓶容积的三分之二，即每升容积的最大充注量应小于 0.53 kg，以防小钢瓶遇热压力升高造成爆裂。

(6) 当小钢瓶达到充注量后，先关闭大钢瓶阀门，再关闭小钢瓶阀门。

2. 制冷剂从大钢瓶移入计量加液器中的方法

(1) 将大钢瓶倒置高架，用带管帽的耐压胶管将大钢瓶与计量加液器的出液阀接头连接起来。

(2) 稍稍打开大钢瓶阀门，然后松开计量加液器与胶管连接的管帽，让胶管内的空气排出，当有制冷剂液体喷出时拧紧管帽。

(3) 开启加液器出液阀阀门，从计量加液器的玻璃管内可以看到制冷剂进入加液器。

(4) 由于计量加液器上部存在饱和制冷剂气体，将阻碍制冷剂进入，这时可微微开启定量加液器上部的出气阀门让制冷剂进入，直到加液器中的制冷剂充注量达到要求为止。

(三) 制冷系统的高压检漏和真空试漏

电冰箱、空调等制冷系统是由压缩机、冷凝器、干燥过滤器、毛细管、蒸发器等部件，用管道串联钎焊成的一个全封闭系统。一旦焊接不良或制冷系统部件腐蚀以及搬运、使用不当，很容易在焊接处造成裂缝，部件上产生漏孔，使制冷系统中的制冷剂泄漏。

制冷系统泄漏是电冰箱等制冷设备最常见的故障。检查制冷系统有无泄漏，常采用高压检漏和真空试漏两种方法。

1. 制冷系统的高压检漏

高压检漏是对制冷系统充注一定压力的空气（最好用氮气），观察压力表上的压力是否随时间推移而降低，若压力表上的压力降低，说明制冷系统有漏缝或漏孔。电冰箱制冷系统高压检漏示意图如图 3-28 所示。

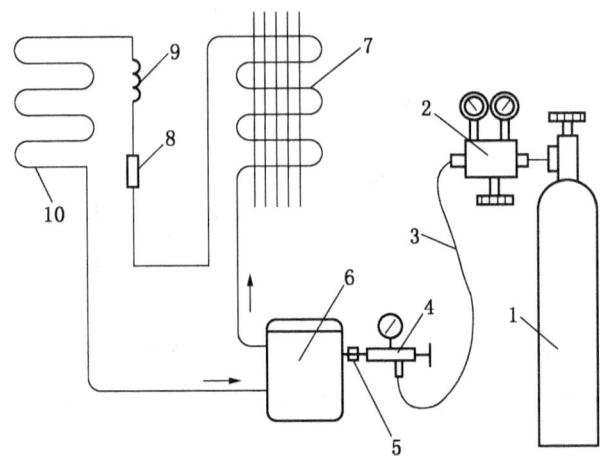

1—氮气钢瓶；2—氮气减压调节阀；3—连接胶管；4—带压力表的三通修理阀；5—快速接头；
6—压缩机；7—冷凝器；8—干燥过滤器；9—毛细管；10—蒸发器

图 3-28 电冰箱制冷系统高压检漏示意图

制冷系统高压检漏的操作方法：打开氮气钢瓶阀门，调节减压调节阀，使氮气的输出压力为 0.8 MPa 左右。然后缓慢地打开三通修理阀的阀门，当压力表上的压力稳定在 0.8 MPa 左右时，关闭三通修理阀和氮气钢瓶阀门。观察压力表上的读数，若制冷系统有较大的泄漏孔，压力表上的读数将明显地逐渐降低。若制冷系统的泄漏孔很小，压力表上的读数将缓慢地降低，有时需要等数小时后才能观察到读数降低。对制冷系统高压检漏，充注氮气的压力不能太高，压力过高会造成蒸发器胀裂损坏。

制冷系统经高压检漏，证实制冷系统有泄漏故障后，就要对制冷系统的泄漏孔进行寻找，最常用的方法是用毛刷或棉纱蘸上浓度较大的肥皂水分别涂抹在制冷系统管道的焊接处或其他容易造成泄漏的部位。若发现肥皂水的涂抹处有肥皂泡逸出，说明该处有泄漏孔。为寻找制冷系统泄漏孔，有时需将电冰箱的制冷系统分割成高压和低压两个部分，分别进行检漏。

2. 制冷系统的真空试漏

检查制冷系统有无泄漏，也可采用真空试漏方法。其具体操作方法是：在压缩机的工艺管上接上带真空表的三通修理阀，三通修理阀接头用耐压胶管与真空泵连接。对制冷系统抽真空 1~2 个小时后，在真空泵的出气口接上胶管，将胶管口放入盛有水的容器中，边抽真空，边观察胶管口有无气体排出。若对制冷系统抽真空 1~2 个小时后仍有气体排出，说明制冷系统有泄漏孔。也可以对制冷系统抽真空到制冷系统内的压力为 133.3 Pa 时，关闭三通修理阀阀门，放置 12 个小时，观察真空表上的压力有无升高，若压力升高，说明制冷系统有泄漏孔；然后采用寻找制冷系统泄漏孔的方法找到泄漏处。

(四) 制冷系统抽真空及充注制冷剂

1. 制冷系统抽真空

电冰箱制冷系统充注制冷剂前，必须对制冷系统进行抽真空，使系统内的真空度不高于 133 Pa。抽真空的常用方法一般有三种，即低压单侧抽真空，高、低压双侧抽真空和二次抽真空。

1）低压单侧抽真空

低压单侧抽真空是利用压缩机上的加液工艺管抽真空。低压单侧抽真空，操作简单，焊接点少，相对来讲泄漏孔会相应较少。其缺点是制冷系统的高压侧（冷凝器、干燥过滤器等）中的空气须通过毛细管抽出，由于毛细管阻流很大，当低压侧（压缩机、蒸发器等）中的残留空气的绝对压力已达到 133 Pa 以下时，高压侧残留空气的绝对压力仍会在 1000 Pa 以上，因此低压单侧抽真空方法，很难使制冷系统的真空度不高于 133 Pa 的要求。制冷系统残留空气过多会影响制冷性能。低压单侧抽真空方法示意图如图 3-29a 所示。低压单侧抽真空的时间一般要进行 3~4 小时。

2）高、低压双侧抽真空

高、低压双侧抽真空是在干燥过滤器的工艺管与压缩机上的工艺管上用两台真空泵或并联在一台真空泵上同时进行抽真空。高、低压双侧抽真空克服了毛细管的阻流对高压侧真空度的不利影响，但要增加一个焊接点，操作工艺较复杂。

高、低压双侧抽真空能使制冷系统内的绝对压力在 100 Pa 以下对提高制冷系统的制冷性能有利，而且可以适当缩短抽真空时间。高、低压双侧抽真空方法示意图如图 3-29b 所示。

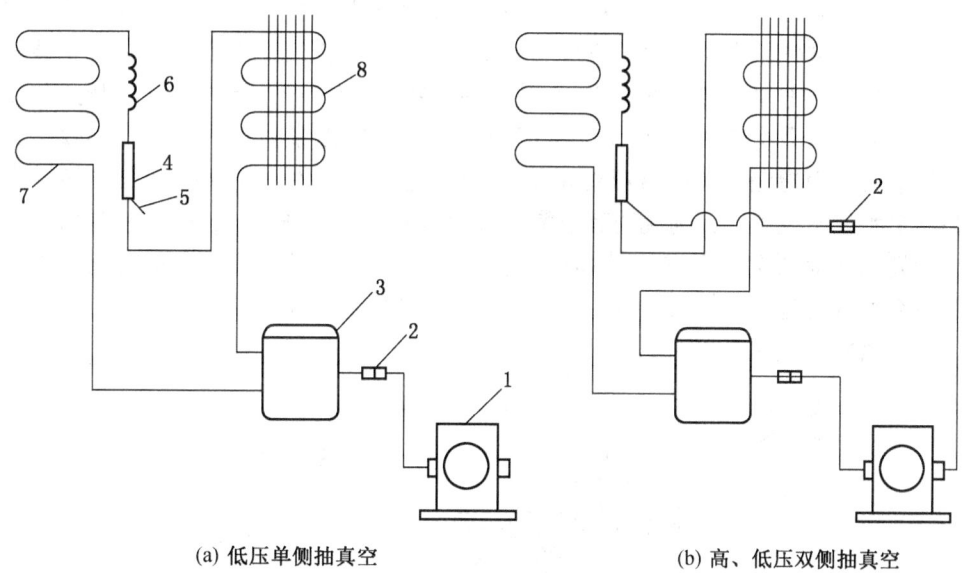

(a) 低压单侧抽真空　　　　　　　　　(b) 高、低压双侧抽真空

1—真空泵；2—快速接头；3—压缩机；4—干燥过滤器；5—干燥过滤器工艺管；6—毛细管；7—蒸发器；8—冷凝器

图 3-29　单、双侧抽真空方法示意图

3）二次抽真空

低压单侧抽真空法很难达到使制冷系统内的残留空气的绝对压力不高于 133 Pa，为解决这一问题，可以采用二次抽真空方法。其操作方法是：首先使制冷系统抽到一定真空度后，充入 20 g 左右制冷剂，启动压缩机运转数分钟，使制冷系统内的残留空气与制冷剂混合。然后对制冷系统进行第二次抽真空，使制冷系统内残留的是制冷剂和空气的混合气

体,从而达到减少制冷系统内残留空气的目的,但是二次抽真空方法会增加制冷剂的消耗。因此,对制冷系统抽真空最好采用高、低压双侧抽真空方法。

2. 制冷系统充注制冷剂

在大型氟利昂制冷系统中,在贮液器与膨胀阀之间的液体管道上设有专供向系统充氟用的充剂阀。对于中小型的氟利昂制冷系统,一般从压缩机排气截止阀和吸气截止阀上的多用孔道充入系统。从排气截止阀多用孔道充制冷剂称高压段充注;从吸气截止阀多用孔道充制冷剂称低压段充注。

1) 高压段充注

从高压段充入系统的制冷剂为液体,故也称之为液体充注法。它的优点是充注速度快,适用于第一次充注。但这种充注法如果排气阀片关闭不严密,液体制冷剂在排气阀片上下之间较高压差作用下进入气缸后,将造成严重的冲缸事故。为减少充注过程中排气阀片上下之间的压力差,应将液体管上的电磁阀暂时通电,让其开启,以防止充注过程中低压部分始终处于真空状态,形成排气阀片上下之间的较高压力差。另外,在充注过程中,切不可开启压缩机,因此时排气腔内已被液体制冷剂所充满,一旦启动压缩机,液体进入气缸后同样会发生冲缸事故。

如图3-30所示:①连接好系统,稍开一下氟瓶阀并随即关闭,此时充氟管内已充满氟利昂气体。再将多用孔道端的管接头松一下,利用氟利昂气体的压力将充氟管内的空气赶出去。当听到有气流声时,立即将接头旋紧。②从台秤上读出重量,并做好记录。③打开钢瓶阀,顺时针方向旋转排气截止阀阀杆,使多用孔道打开,制冷剂便在压差作用下进入系统,当系统压力达到 0.2~0.3 MPa 时停止充注,用卤素喷灯或卤素检漏仪、肥皂水等对系统进行全面检漏,如卤素喷灯的火焰呈绿色或绿紫色,卤素检漏仪的指针发生摆动;涂肥皂水处出现气泡,则说明有泄漏,发现泄漏处先做好标记,待系统检漏完毕后将系统泄漏处制冷剂抽空后再进行补焊堵漏,堵漏后便可继续充注,充足为止。关闭钢瓶阀,加热充氟管使管内液体汽化进入系统,然后逆时针旋转排气截止阀阀杆,使多用孔道关闭,卸下氟瓶,充氟工作完毕。

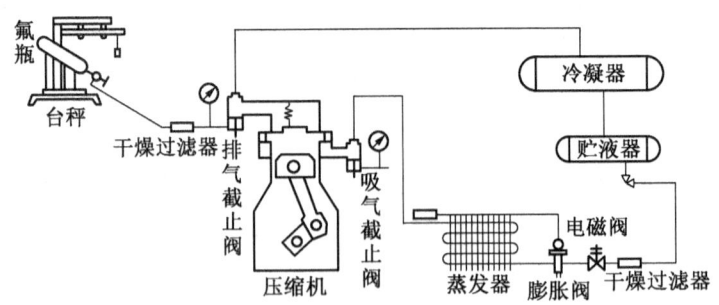

图3-30 高压充氟

2) 低压段充注

低压段充注制冷剂只允许是气体。为保证从低压段充入系统的为制冷剂气体,充注时期瓶阀不能开启过大,且钢瓶应竖放。由于这种方法充注制冷剂是以气态充入系统的,所以充注速度较慢，多用于系统增添制冷剂的情况。

如图 3-31 所示：①连接好系统，将吸气截止阀阀杆顺时针方向旋转 1~2 圈，使多用孔道打开与系统相通，再检查排气截止阀是否打开，然后打开钢瓶阀，制冷剂便在压差作用下进入系统。当系统压力升到 0.2~0.3 MPa 时，停止充注，用检漏仪或肥皂水检漏，无漏则继续充注。当钢瓶内压力与系统内压力达到平衡，而充注量还没有达到要求时，关闭贮液器出液阀，打开冷却水或风冷式冷凝器风机，逆时针方向旋转吸气截止阀阀杆使多用孔道关小，开启压缩机将钢瓶的制冷剂抽入系统。关小多用孔道的目的是为了防止压缩机产生液击。压缩机启动后可根据情况缓慢地开大一点多用孔道，但须注意不要发生液击，如有液击，应立即停机。②充注量达到要求后，关闭钢瓶阀，开足吸气截止阀，使多用孔道关闭，拆下充氟管，堵上多用孔道，打开贮液器或冷凝器出液阀，则充液工作完毕。

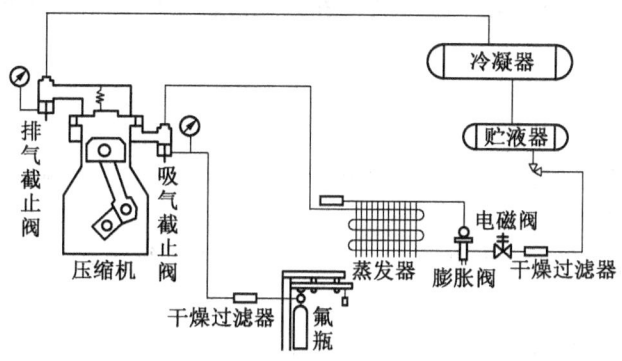

图 3-31 低压充氟

二、制冷维修实训

（一）铜管弯管和扩口的加工操作实训

1. 实训目的

(1) 掌握铜管弯管、扩口加工的操作方法。

(2) 能够制作铜管弯管和进行管端扩口。

2. 实训工具

木榔头、钢锯、平板锉、小手锤、钢直尺、游标卡尺、割管器、扩管器、弯管器、倒角器、封口钳、割炬等。

3. 实训材料

$\Phi22$ mm 以内紫铜管或黄铜管、制冷配件、氧气、乙炔等。

4. 实训要求

1) 安全事项要求

(1) 使用氧-乙炔焰加热铜管时应由专业焊工操作。严禁使用氧-乙炔焰切割铜管。

(2) 铜管退火时防止烫伤。

2) 技能训练要求

(1) 正确使用各种铜管加工专用工具。

(2) 铜管加工专用工具使用完毕，应按要求归类存放。

（3）节约材料，爱护工具。

5. 实训过程

制冷铜管的连接方式一般采用焊接和螺纹连接，小口径铜管焊接和螺纹连接前，须按要求对铜管管端进行扩口，扩口质量的好坏，直接影响到设备的正常使用，应引起足够的重视。

铜管扩口分扩喇叭口和扩圆柱形口两种，螺纹连接时需扩喇叭口，例如铜管与设备（蒸发器或冷凝器）、阀件的连接。铜管焊接时，采用扩圆柱形口。

1）铜管的调直

实际连接铜管时，对于有弯曲度的铜管要进行调直。调直铜管需放在木制平台上，使用木榔头（或木方尺、橡皮锤）轻轻敲击弯曲部位，逐段调直。铜管调直用的木制平台（或硬木板）表面应平整无凹痕，防止管壁在调直过程中使管子表面产生粗糙痕迹。严禁使用金属手锤调直铜管。

2）铜管的切割

铜管切割应采用锯割、切管器等机械方法切割，用于切割铜管的钢锯条不能切割钢管等其他材料，防止污染铜管，切割后管口应用平板锉修整。实际中多采用割管器切割铜管。

3）铜管管端的退火

铜管管端扩口前，为了保证扩口的质量，一般宜先进行退火。铜管退火通常按下列过程操作：

（1）根据铜管直径，按要求确定扩口深度，在退火管端量出扩口深度，然后划好记号线。

（2）将铜管放在操作平台上，加工管端伸出平台（比记号线稍长一些），另一端用木板压住，用力以铜管平稳不动为准。

（3）使用氧-乙炔焰对伸出平台管端（扩口部位）加热，加热温度为450 ℃左右（此温度根据铜管颜色确定）。铜管端在加热过程中，因铜的导热极快，所以无论采取何种措施扶持铜管都要防止烫伤。

（4）管端加热到要求温度后停止加热，然后自然冷却到常温状态。铜管加热后再缓慢自然冷却，即对铜管进行退火处理。

（5）待加热铜管全部冷却到常温时，即可进行铜管端的扩口操作。

4）铜管扩口操作

铜管的扩口操作：松开夹具紧定螺栓，把要加工的铜管放在相应的孔内，上紧夹具紧定螺栓，铜管即被紧紧夹住。铜管夹定后，选择相应的可换扩管头安装在螺纹顶压装置上并对准铜管中心，顺时针转动顶压装置，就能使铜管端部加工成形。

铜管的扩口操作是一个技术性较强的操作技能，操作时应注意以下几点：

（1）实际操作时，可以直接扩口。建议在有条件的情况下，最好把铜管端退火后再扩口。

（2）铜管在扩喇叭口时，露出夹具端面的长度约为铜管直径的1/2。

（3）圆柱形扩管（又称胀管），伸出夹具的长度与铜管直径相当。

（4）扩管操作中，在完成1/2或1/3时应观察顶压装置是否对中，管口有无毛刺。如不正，应调整扩管顶压装置的位置；如有毛刺，要用锉刀锉去。

（5）铜管扩口时，应采用管壁较厚的铜管（如0.8~1 mm）扩口。

(6) 扩管工具和可换扩管头都有一定的规格，使用时注意其规格应与铜管规格对应。

由于操作不规范，铜管扩孔时可能出现缺陷。表3-5为铜管扩喇叭口常出现的缺陷和处理方法，表3-6为铜管扩圆柱形口常出现的缺陷和处理方法。

表3-5 铜管扩喇叭口常出现的缺陷和处理方法

喇叭口缺陷	缺陷原因及处理方法
	喇叭口正确 质量要求：喇叭口端正，中心线与管子中心线重合，无倾斜，大小适中，无内陷，无毛刺，无裂口
	缺陷：喇叭口过小。 缺陷原因：管子夹入夹具时露出的长度过短。 处理方法：加大管子露出夹具的长度，重新装夹后再加工
	缺陷：喇叭口过大。 缺陷原因：管子夹入夹具时露出的长度过长。 处理方法：用割管器把部分喇叭口割去，重新夹紧管子，让管子露出夹具的长度符合要求后再加工
	缺陷：喇叭口内陷。 缺陷原因：管子在扩喇叭口前没有把截管留下的内陷纠正及内毛刺去除干净。 处理方法：用倒角器先进行倒角处理，去除毛刺；或用尖嘴钳插入管内转动，把内陷纠正
	缺陷：喇叭口歪斜与喇叭口位置偏移。 缺陷原因：顶压装置位置不正确。 处理方法：边操作顶压装置边观察，发现歪斜和偏移时应及时调整顶压装置的位置
	缺陷：喇叭口开裂。 缺陷原因：管子没有退火或扩喇叭口时用力过猛、速度过快。 处理方法：操作顶压装置时，用力不可太大，速度不宜太快
	缺陷：喇叭口端部出现毛刺。 缺陷原因：管子扩口端有毛刺或扩口过程中没有及时去除毛刺。 处理方法：铜管端部若出现毛刺，应立即停止操作；取下顶压装置，用锉刀把毛刺去掉。有时加工一个喇叭口，要用锉刀去毛刺数次
	缺陷：喇叭口未形成。 缺陷原因：顶压装置没有旋转到尽头。 处理方法：继续旋转顶压装置直至尽头

表 3-6　铜管扩圆柱形口常出现的缺陷和处理方法

圆柱形口缺陷	缺陷原因及处理方法
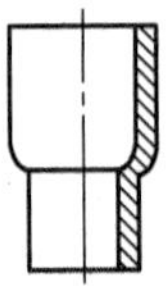	圆柱形口正确。 质量要求：胀口端正，中心线与管子中心线重合，无倾斜，长度适中，无内陷，无毛刺，无裂口
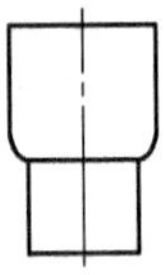	缺陷：胀口长度过小。 缺陷原因：管子夹入夹具时露出的长度过短。 处理方法：松开夹具，加大管子露出夹具的长度，重新装夹后再加工
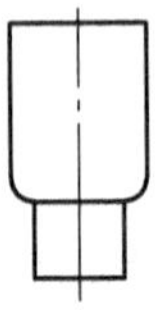	缺陷：胀口长度过长。 缺陷原因：管子夹入夹具时露出的长度过长。 处理方法：用割管器把部分胀口割去，重新夹紧管子，让管子露出夹具的长度符合要求后再加工
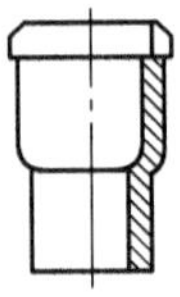	缺陷：胀口内陷。 缺陷原因：管子在胀口前没有把截管留下的内陷纠正及内毛刺去除干净。 处理方法：用倒角器进行倒角处理去除毛刺，或用尖嘴钳插入管内转动，把内陷纠正
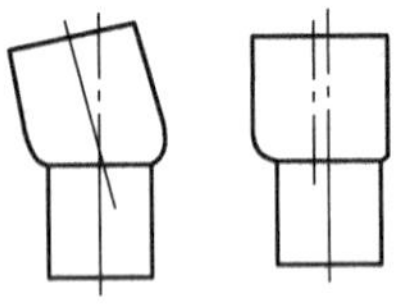	缺陷：胀口歪斜与胀口位置偏移。 缺陷原因：顶压装置位置不正确。 处理方法：边操作顶压装置边观察，发现歪斜和偏移时，应及时调整顶压装置的位置
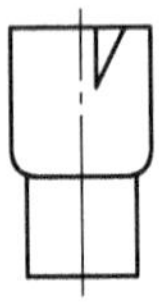	缺陷：胀口开裂。 缺陷原因：管子没有退火或胀口时用力过猛、速度过快。 处理方法：操作顶压装置时，用力不可太大，速度不宜太快
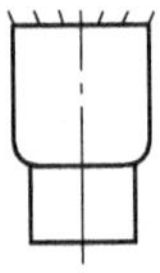	缺陷：胀口端部出现毛刺。 缺陷原因：管子胀口端有毛刺或胀口过程中没有及时去除毛刺。 处理方法：铜管端部若出现毛刺，应立即停止操作；取下顶压装置，用锉刀把毛刺去掉。有时加工一个胀口，要用锉刀去毛刺数次
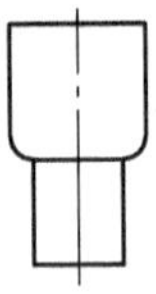	缺陷：胀口未形成。 缺陷原因：顶压装置没有旋转到尽头。 处理方法：继续旋转顶压装置直至尽头

5）铜管的弯曲

铜管弯曲一般不采用热弯，因为热弯后管内填充物（如河沙）不易清除，为保证弯管质量，实际中采用弯管器进行铜管的弯管。

6) 铜管的封口

练习封口钳的使用方法，使用时应注意以下问题：

（1）使用封口钳时，钳口的空隙调整要合适，钳口空隙调得太大，管道封不死。钳口空隙调得太小，容易将管道夹断。钳口空隙一般调到略小于铜管管壁的两倍厚度为宜。

（2）在有压力的管道，例如制冷系统充注制冷剂后，进行封口时应在管道上钳封两次。先在距离割断的位置 20~30 mm 处钳封一道，松开钳子，再在距离割断位置 50~60 mm 处钳封一道，这时不要松开封口钳，把管道割断、钳扁，试漏后将钳扁口焊接，最后再松开、取下封口钳。

7) 铜管口的修整

使用切管器切割断的管道，往往存在管道端部收缩、有毛刺等缺陷，一般用锉刀即可修整，但效率低，锉削造成的金属屑不易去除，铜管口修整可采用倒角器来完成。使用倒角器修整管口时，应注意以下几点：

（1）管口尽量朝下，以避免金属屑进入管内。

（2）如有金属屑进入管道内，需将其清除干净。

（3）不要用硬物敲击倒角器。

（4）使用后除去倒角器上的金属屑，并在刀刃处加上防锈油。

（二）镀锌钢板风管制作实训

1. 实训目的

掌握圆形风管和矩形风管的制作方法。

2. 实训工具

咬口机、电动剪刀、橡皮锤、折方机（或手工折方）、卷圆机（或手工卷圆）、槽钢、木方尺、刀具、卷尺、划规、手枪钻等。

3. 实训材料

0.5~1 mm 厚镀锌钢板。

4. 实训注意事项

（1）检查电源线路，实验中时刻注意用电安全。

（2）咬口折边必须平直。

（3）折方时一定要使折线与工作台型钢重合。

5. 实训过程

1) 圆形风管制作

（1）圆形风管的展开画线。根据图纸给定的圆形风管管径 D 计算出风管的周长 πD，根据周长和管段长度 L 在钢板上画出矩形，矩形外周的虚线为咬口预留尺寸和两个管端的法兰翻边尺寸所构成的矩形，为了保证风管的严密性，4 个角均需进行倒角处理，如图 3-32 所示。

（2）剪切下料。按照图 3-32 所示的圆形风管展开图，用剪板机或专用剪刀裁剪下料，A 为咬口留量尺寸，D 为圆管直径，L 为圆管长度。

（3）咬口折边的加工。圆形风管一般采用单咬口连接方式，咬口折边的制作一般采用咬口机进行，按照图 3-33 所示的单咬口形式将剪切好的钢板按照图 3-32 所示的两侧各 $A/2$ 咬口留量分别进行咬口制作。

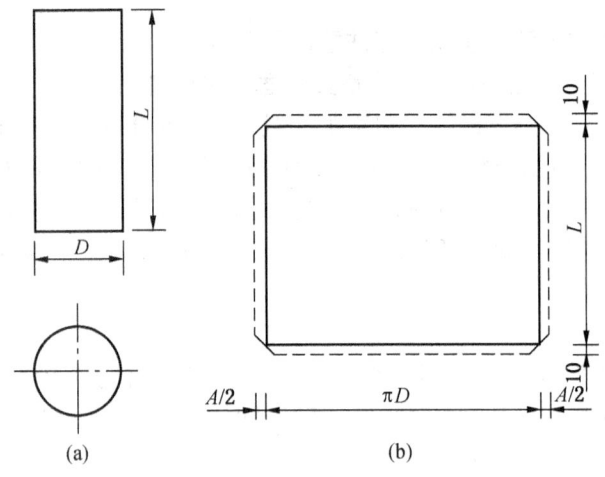

图 3-32 圆形风管展开图

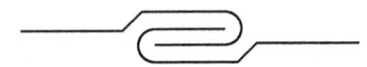

图 3-33 风管单咬口连接

(4) 卷圆压实、合缝装配。这是圆形风管制作的最后一道工序，首先检验咬口折边是否平直，有无抵碰现象，进行必要的修整；然后用卷圆机将板材卷圆，将板材两侧咬口对接成图 3-33 所示形式，将板材固定于槽钢工作面上，用木方尺先打两端和中间一点，再打全长上的咬口，最后进行修整打实，完成合缝装配。

2) 矩形风管制作

(1) 矩形风管的展开画线。矩形风管的展开方法与圆形风管类似，由圆周长变为 4 条边的长度之和，即 $2(A+B)$，如图 3-34 所示；咬口表示为设置在一边上的转角咬口，如图 3-35 所示。

(2) 剪切下料。按照图 3-34 所示的矩形风管展开图用剪板机或专用剪刀裁剪下料，A 为管道高度，B 为管道宽度，L 为管道长度，M 为咬口留量尺寸，一边预留 1/3，另一边预留 2/3。

(3) 咬口折边的加工。矩形风管采用单侧咬口方式，按照图 3-35 所示的转角咬口连接方式进行咬口折边的制作。

(4) 折方、合缝装配。折方有手工和机械两种方法。手工折方时，先将加工好咬口折边的板材放置在工作台上，使折线与工作台上的型钢棱线重合，然后用手往下撅压。撅压时最好左手持一木方尺压住平面棱线上方的板材，右手将板材向下撅压。若是一个人操作，可先将曲折线两头用木方尺拍制出棱线，便于控制曲折尺寸。若是两个人操作，可分别站立于板材两端，一手用力按住工作台上的板材，使之不移动；另一手将板材向下压成 90°。然后用木方尺加以修整，使曲折线棱角清晰，板材平整为止。

注意：手工折方一般容易出现的问题是"跑线"和棱线不清，因此折方时一定要使折

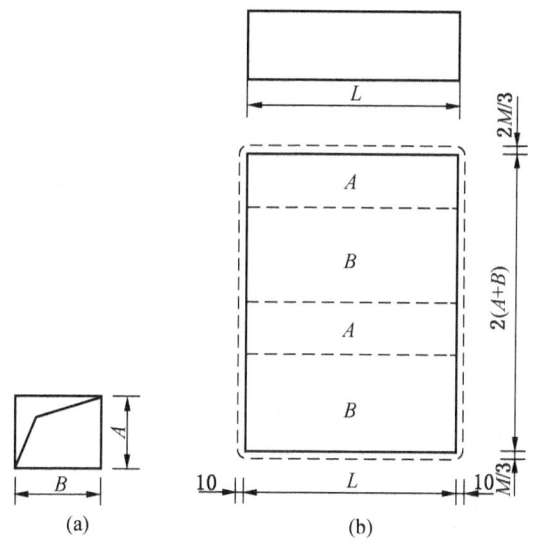

图 3-34 矩形风管展开图

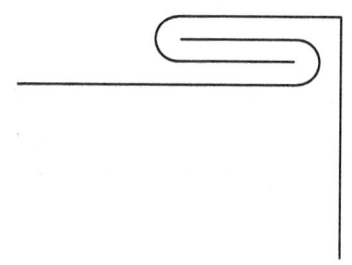

图 3-35 风管转角咬口连接

线与工作台型钢重合,棱线不修整时,一定要用木方尺在棱线处拍打,直到清晰为止。

(三)焊接弯管(虾米腰弯头)手工放样及加工制作实训

1. 实训目的

掌握焊接弯管(虾米腰弯头)手工放样及加工制作。

2. 实训工具

焊接钢管、钢锯、电焊机、焊条等。

3. 制作过程

在管道转弯的地方,在不作为伸缩补偿器(即不受力)的情况下,可采用焊接弯管。尤其当管径大于 377 mm 时,采用加热弯管是较为困难的。且因直径大,弯曲半径也很大,势必造成占地面积过大。焊接弯管(又称为虾米腰弯头)是把管子切成几节斜管凑成所需弯度,然后对口焊接而成的。其 $R \geq 1.5D$,短管节数可用 3~5 节,不得少于 3 节,它的弯曲角度、弯曲半径及弯管的组成节数可根据需要选定。一般 90° 弯管有两节(无中间节)、三节(一个中间节及两个端节)及四节(两个中间节和两个端节)等多节焊接而成,如图 3-36 所示。

133

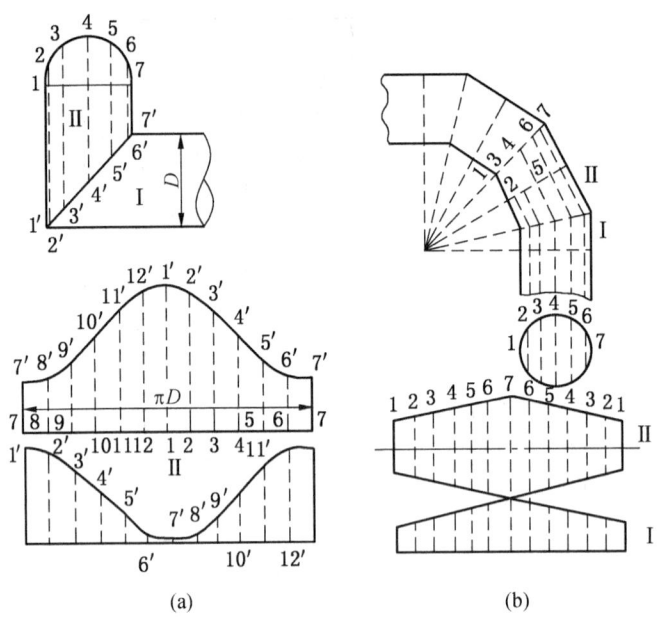

图 3-36 焊接弯管

焊接弯管不受管径大小及管壁薄厚的限制,弯管的平滑度和弯曲半径 R 及节数的多少有关,R 大及中间节分的越多,弯管就越平滑,对流体的阻力就越小;R 小和节数分的少其对流体的阻力就大。不同管径的 R 和节数可参见表 3-7。

表 3-7 焊接弯头曲率半径及节分数

管径/mm	弯曲半径 R	节 数 n				
		90°	60°	45°	30°	22.5°
57~159	1D~1.5D	4	3	3	3	3
219~318	1.5D~2D	5	4	4	4	4
>318	2D~2.5D	7	4	4	4	4

焊接弯管两头一般用端节,使接口面保持圆形以便与管路连接,一个中间节可分为两个端节。管子在切断成管节前,在管子直径两端的壁面上应各画一条直线,作为管节焊接组对的标记,使各节的长臂或短臂对齐,以保证弯管平正。弯管画线可用分节的长臂及短臂的尺寸直接在钢管上量取。分节长、短臂的尺寸(长臂取"+",短臂取"-")为

$$M = \frac{\frac{\pi}{2}\left(R \pm \frac{d_0}{2}\right)}{n}$$

式中 R——曲率半径;

d_0——管子外径,mm;

n——弯管的分节数(两个端节可算做一个中间节)。

在实际工作中,焊制的 90°弯管成品往往有勾头现象,即略小于 90°,这是由于钢管

壁厚斜切下料的影响，在画线与切割加工中注意修正，可以避免弯管勾头。

（四）空调拆装实训

1. 实训目的

（1）认识空调制冷系统、风路系统、电气控制系统以及箱体支撑系统的结构与原理。

（2）学会拆装空调壳体以及电气系统零部件等可拆装的空调部件。

2. 实训设备及工具

窗式空调、分体壁挂式空调、万用表、500型绝缘电阻表、螺钉旋具等。

3. 注意事项

（1）整个拆装过程中应在断电的情况下进行，确保人身安全。

（2）拆装过程中，注意不要碰坏换热器的翅片。

4. 实训步骤

1）窗式空调的拆装步骤

（1）将窗式空调外壳上的螺栓旋下，抽出空气过滤网，拆下空调前面板。拆卸时，应先折下面后拆上面，当心不要把前面板上的倒齿撬坏。

（2）将空调机芯与外壳分离。方法是一个人按住外壳，一个人抓住机芯用力拉。

（3）拆下机芯上面上的风路隔板（顶板），露出整个机芯。

（4）分别观察制冷系统与风路系统的结构组成，分析其工作原理。

（5）拆开电气控制盒和压缩机接线盒，根据电路图分析电气控制原理。图3-37所示是窗式空调电气零件拆装示意图。

（6）将机器按原样复原，并测量绝缘性能，通电试机。

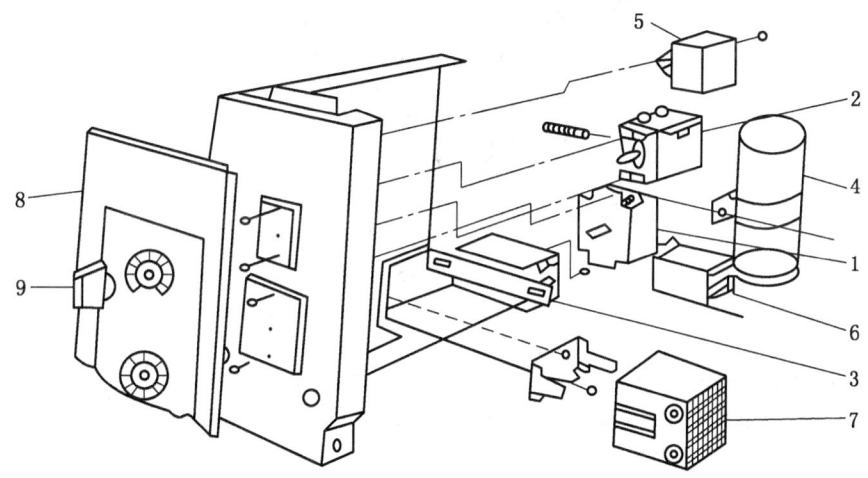

1—选择开关；2—温度开关；3—定时器；4—压缩机运转电容；5—风扇启动电容；
6—控制开关；7—继电器；8—面板；9—温控器旋钮

图3-37 窗式空调电气零件拆装示意图

2）分体壁挂式空调的拆装步骤

（1）两手从室内机组前面的两侧用力，将面板向斜上方托起，抽出空气过滤网。

（2）旋下前框与机身的紧固螺钉，将前框与机身分离。分离时注意不要拉坏位于前框上的倒齿，应先拆下面后拆上面。图 3-38 所示是分体壁挂式空调室内机拆装示意图。

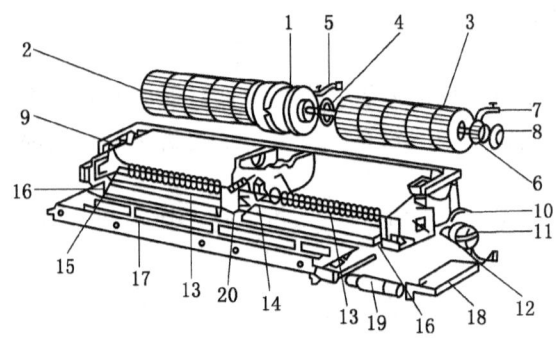

1—风扇电动机；2、3—轴流风扇；4—橡胶垫；5、10—电动机支架；6—轴承橡胶垫；7—轴承支架；
8—轴承套；9—蜗壳组件；11—电动机；12—电动机接头；13—摆动叶栅；14—接头；15、20—轴；
16—导向器；17—排泄盘；18—排泄保护；19—排泄管

图 3-38　分体壁挂式空调室内机拆装示意图

（3）观察室内机内部结构，了解电脑板及其组成，分析空调的工作原理。

（4）将室内机组照原样复原。

（5）旋下室外机上的紧固螺栓，将外壳拆下。图 3-39 所示是分体壁挂式空调室外机拆装示意图。

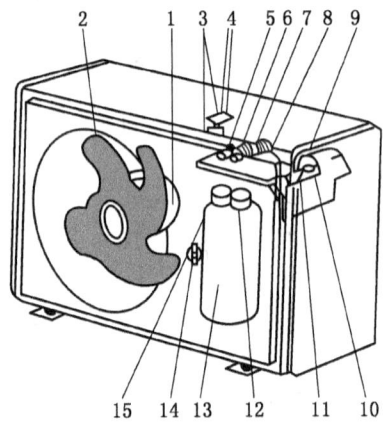

1—风扇电动机；2—风扇；3—熔丝；4—支架；5、12—电动机保护器；6、7—继电器；
8、14—运转电容；9—压缩机保护器；10、11—端子座；13—压缩机；15—弹簧热控开关

图 3-39　分体壁挂式空调室外机拆装示意图

（6）观察室外机内部结构，分析分体壁挂式空调室外机的电路组成和工作原理。

（7）将电路零件及可拆下的导线拆下，然后根据电路图重新装配。

（8）检查无误后，按原样复原。

（五）分体式空调的制冷系统打压、抽真空和充注制冷剂实训

1. 实训目的

使学生熟练掌握分体式空调维修中氮气打压、真空泵抽真空、充注制冷剂操作技能。

2. 实训设备及工具

分体式空调、压力表、氮气打压设备、真空泵、制冷剂钢瓶、制冷剂、钳形电流表等。

3. 注意事项

(1) 打压与充注制冷剂操作中特别注意控制压力。

(2) 抽真空时注意先打开真空泵上的排气管口，再通电。

(3) 充注制冷剂排空时注意防止制冷剂冻伤皮肤。

(4) 通电运行时，注意用电安全；打压状态下，绝对不能通电运行。

4. 实训步骤

分体式空调打压、抽真空与充注制冷剂设备连接图如图3-40所示。

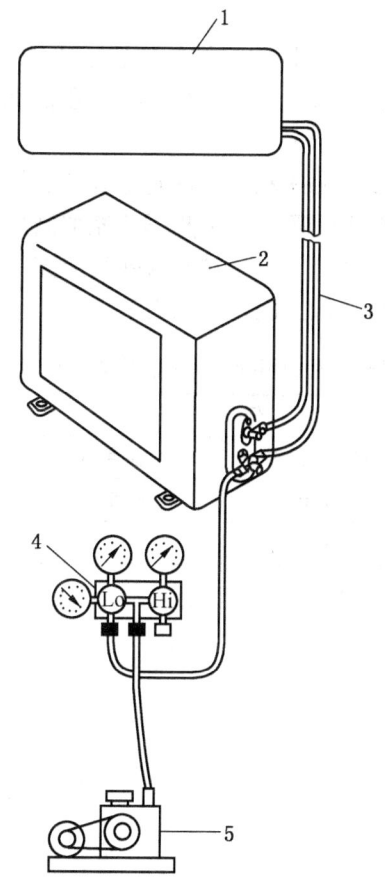

1—室内机；2—室外机；3—连接管道；4—双表维修阀；5—真空泵（或氮气瓶、制冷剂钢瓶）

图3-40 分体式空调打压、抽真空与充注制冷剂设备连接图

1) 制冷系统打压步骤

(1) 将氮气瓶、减压表、分体式空调维修管上压力表用打压胶管连接起来，确保各接口紧固、不泄漏。

(2) 打开氮气瓶上减压表的高压阀，观察高压压力。

(3) 缓慢打开氮气瓶上减压表的低压阀，把低压控制在 2 MPa 以下。

(4) 打开空调维修管上三通阀，观察压力变化，压力降至 2 MPa 时，迅速关闭三通阀。

(5) 关闭氮气瓶上减压表的高压阀与低压阀。

(6) 缓慢打开胶管与空调器维修管上三通阀接口螺母，将胶管中残留气体放尽，然后可以进行保压检漏操作。

2) 制冷系统抽真空与充注制冷剂步骤

(1) 用外六角扳手顺旋关闭三通阀（气阀），并用带修理阀和顶针的充制冷剂软管开启旁通孔，再逆旋开启两通阀，开启自身压缩机运转，使制冷系统内的空气依次经室外机组侧、两通阀、液管、室内机组侧、气管、三通阀旁通孔、充制冷剂软管、修理阀、充制冷剂软管排出。

(2) 经数十分钟无气体排出或将软管排气口置于冷冻油中无气泡排出时，排真空完毕。如果在排空中一直冒气泡不止，说明系统还存在泄漏，应重新检查故障原因进行排除。

(3) 将排气口改接在制冷剂钢瓶阀上，这时逆旋三通阀置于三通状态，开启制冷剂钢瓶即可充注制冷剂。分体式空调由吸气阀（低压）充加制冷剂。在停机下倒置钢瓶体，按重量法一次充注，也可按压力法（低压）结合观察法边充注边观察，直至合适为止。

表 3-8 是空调制冷系统高、低压侧正常压力值。

表 3-8 空调制冷系统高、低压侧正常压力值

制冷剂	环境温度/℃	低 压 侧		高 压 侧	
		吸气压力/MPa	蒸发温度/℃	排气压力/MPa	冷凝温度/℃
R22	30	0.45~0.50	4~6	1.20~1.40	33~38
	35	0.48~0.52	5~7	1.50~1.80	40~50
	40	0.58	10	2.20	58

参 考 文 献

[1] 张维亚,崔蕾.建筑环境与设备工程专业实验及实训指导[M].北京:煤炭工业出版社,2011.
[2] 范军建筑环境与能源应用工程实验指导[M].北京:中国建筑工业出版社,2016.
[3] 张维亚,魏鎏.冷热源工程[M].北京:煤炭工业出版社,2016.
[4] 谭羽非,吴家正,朱彤.工程热力学[M].6版.北京:中国建筑工业出版社,2016.
[5] 章熙民,任泽霈.传热学[M].6版.北京:中国建筑工业出版社,2014.
[6] 连之伟.热质交换原理与设备[M].4版.北京:中国建筑工业出版社,2018.
[7] 赵荣义.空气调节[M].4版.北京:中国建筑工业出版社,2009.
[8] 蔡增基.流体力学泵与风机[M].北京:中国建筑工业出版社,2009.
[9] 朱颖心.建筑环境学[M].4版.北京:中国建筑工业出版社,2016.
[10] 刘瑾,张殿.袋式除尘器工艺优化设计[M].北京:化学工业出版社,2017.
[11] 方修睦.建筑环境测试技术[M].北京:中国建筑工业出版社,2008.
[12] 许钟麟.空气洁净技术原理[M].4版.北京:科学出版社,2018.
[13] 贺平,孙刚.供热工程[M].4版.北京:中国建筑工业出版社,2009.
[14] 王海桥,李锐.空气洁净技术[M].2版.北京:机械工业出版社,2017.
[15] 郝瑞宏,李东雄.供热通风空调制冷综合技能实训[M].北京:中国电力出版社,2012.
[16] 邵宗义,曹兴,邹声华.建筑设备施工安装技术[M].北京:机械工业出版社,2018.
[17] 李社虎,张琦.暖通设备安装工艺与技能训练[M].北京:中国劳动社会保障出版社,2008.
[18] 付祥钊.流体输配管网[M].4版.北京:中国建筑工业出版社,2018.
[19] 付海明,张吉光.实验技术[M].北京:中国建筑工业出版社,2007.
[20] 王智伟,杨正耀.建筑环境与设备工程实验及测试技术[M].北京:科学出版社,2004.

图书在版编目（CIP）数据

建筑环境与能源应用工程实验与实训指导/崔蕾主编.
--北京：应急管理出版社，2020
普通高等教育"十三五"规划教材
ISBN 978-7-5020-8419-6

Ⅰ.①建… Ⅱ.①崔… Ⅲ.①建筑工程—环境管理—高等学校—教材 Ⅳ.①TU-023

中国版本图书馆 CIP 数据核字（2020）第 210685 号

建筑环境与能源应用工程实验与实训指导

（普通高等教育"十三五"规划教材）

主　　编	崔　蕾
责任编辑	闫　非
编　　辑	田小琴
责任校对	李新荣
封面设计	于春颖

出版发行	应急管理出版社（北京市朝阳区芍药居 35 号　100029）
电　　话	010-84657898（总编室）　010-84657880（读者服务部）
网　　址	www.cciph.com.cn
印　　刷	北京虎彩文化传播有限公司
经　　销	全国新华书店
开　　本	787mm×1092mm $^1/_{16}$　印张　$9\frac{1}{4}$　字数　211 千字
版　　次	2020 年 11 月第 1 版　2020 年 11 月第 1 次印刷
社内编号	20200009　　　　定价　24.00 元

版权所有　违者必究

本书如有缺页、倒页、脱页等质量问题，本社负责调换，电话:010-84657880